懂幽默，
全世界都会欢迎你

刘 星◎著

SPM 南方出版传媒·广东人民出版社

·广州·

图书在版编目（CIP）数据

懂幽默，全世界都会欢迎你 / 刘星著.—广州：广东人民出版社，2019.2
ISBN 978-7-218-13269-3

Ⅰ.①懂… Ⅱ.①刘… Ⅲ.①幽默(美学)—通俗读物 Ⅳ.①B83-49

中国版本图书馆CIP数据核字（2018）第 281473 号

Dong Youmo Quan Shijie Dou Hui Huanying Ni
懂幽默，全世界都会欢迎你

刘星 著   ☞ 版权所有 翻印必究

出 版 人：肖风华

责任编辑：严耀峰
封面设计：钱国标
内文设计：新视点
责任技编：周 杰 吴彦斌

出版发行：广东人民出版社
网 址：http://www.gdpph.com
地 址：广州市大沙头四马路 10 号（邮政编码：510102）
电 话：(020) 83798714（总编室）
传 真：(020) 83780199
天猫网店：广东人民出版社旗舰店
网 址：https://gdrmcbs.tmall.com
印 刷：广东鹏腾宇文化创新有限公司
开 本：787 毫米×1092 毫米 1/16
印 张：15   字 数：200 千
版 次：2019 年 2 月第 1 版 2019 年 2 月第 1 次印刷
定 价：39.80 元

幽默，有人称其为一门有趣而生动的口才艺术，也有人说它是一种为人处世的哲学。幽默为什么能上升到哲学的高度呢？经社会学家、心理学家、语言艺术家研究，幽默不只是令人开心的艺术，它还是博学、机智、聪明、从容等元素的集合。古今中外，善于制造幽默的人，无一不是充满智慧之人。

在生活中，幽默不可或缺。在商业谈判、职场演说、沟通交流中正确运用幽默，你不仅会成为他人的焦点，还能收获事半功倍的效果。至于该如何提高幽默水平，著名作家林语堂认为，幽默不同于粗鄙的笑话，谐趣越含蓄，越显得高妙。美国著名美学家帕克说："幽默的目的是审美和沉思。"可见，我们运用幽默的时候要具备微言大义、寓庄于谐的能力，才会让接受者感悟到其中的精妙之处。

掌握了幽默的要义，只是为学习幽默确定了方向。想要用它引人发笑、驱散愁云、扣人心弦、化解尴尬等，还要善用一些技巧和方法，才能挥洒自如。

就当下来看，幽默最常用的场景就是职场。一些员工每天都处于高负荷的工作状态，除了繁重的工作，生活中的不快、同事间的竞争、老板的训斥，都会让人焦虑、急躁。假如你是职场中人，对上述情况深有感触，不妨用幽默来摆脱困境。对于我们自身来说，它能平衡身心、维护自身形象；对外则能使人际关系更和谐。有了幽默的保驾护航，我们才能轻松愉快地工作，并体会到工作的乐趣。

除了压力，每个人几乎都有尴尬的时候，有时让人羞愤难当、无所适从，这时我们可以用幽默挽回颜面，甚至可以利用尴尬来反衬自己的人格魅力。如果你是一名幽默高手，就算身处窘境，也能从容应对。

　　幽默的作用难以枚举，需要我们认真学习，勤于实践。

　　本书详细介绍了幽默的概念、使用技巧、应用场合、提升方法等。涉及的领域包括谈判、辩论、演讲、职场、人际交往、家庭生活等，并有详细的剖析和解读。所选案例不仅新颖，还贴近生活，令人捧腹、引人深思。

　　相信本书的内容能为想提升口才、打造良好人际关系的读者提供必要的帮助。为了让大家获得具体可行的方法，笔者详细阐述了幽默的方方面面，并采用简洁易懂的语言加以讲述，希望能符合各位读者朋友的需求。

| CONTENTS | **目录**

Chapter 03 掌握幽默技巧，交谈更轻松

Chapter 04 学会方法，提升幽默效果

Chapter
05

幽默的进阶，让表达运用自如

Chapter
06

幽默的高度是智慧，而不是搞笑

Chapter 10 谈判不必动火气，幽默助你举重若轻

Chapter 11 何来笑点高？——演说中的必备幽默招数

Chapter

12

让幽默融入感情，生活事业更和谐

Chapter 01

学会幽默，
打造自己的好声音

究竟什么是幽默？不同的人会给出不同的答案，但有一点是相同的，就是认为幽默可调整情绪，使自己更受欢迎。但是，拥有幽默感并非易事。我们不仅要在跟幽默有关的要素方面做准备，还要牢记幽默的禁忌，才能更好地驾驭幽默。

不只是搞笑，细说幽默的内涵

究竟什么是幽默？许多人马上想到的是搞笑。我们先体会一下二者的感情色彩。如果有人说你幽默，大多是夸你风趣，而且睿智；要是说你搞笑，褒义是指你有令人发笑的能力，贬义则多指笨拙、无理取闹。再来看看，现代学者对幽默的诠释是：简洁可笑又寓意深长的表达方式。可见，幽默有着十分丰富的内涵。

"幽默"一词是英文单词"humour"的音译，字面意思为"可笑、滑稽"，后随着时代的发展，有了更多的内涵，如温和亲切、隐蔽含蓄、道理深刻等。运用幽默时，贵在受人欢迎、表意清楚。

演员胡可因长相甜美、俏皮，在老、中、青三代中都有很多粉丝。一次新闻发布会上，胡可趴在舞台上，给台下的一位老奶奶签名。

记者想报道胡可的敬业精神。胡可却说："我只有在奶奶面前写作业，才敢采用这种姿势。"

胡可通过幽默告诉大家，她面对的不是粉丝，而是自己的长辈，这样一来必然会唤醒粉丝们内心深处的温情，从而更加喜欢她。

表意清楚是幽默的必备条件，可是经常出现这样的现象——许多人说话幽默含蓄，但是对方不明其意，更别提了解其中的道理了。究其原因，是大家在文化构成、生存环境、反应速度上有差异，对幽默的领会程度也就产生了差别。因此，只有采用具有普遍适用性且精准的语言，才能让幽默取得最佳的效果。

一家广告公司的老板问主管："那个新来的员工，工作态度怎么样？"

"唉！好比直钩钓鱼。"主管说。

老板听后决定不再继续聘用那位新员工。

主管的一声叹息，大家都能听出不尽如人意的意思，这就是语言的普遍适用性。"直钩钓鱼"堪称比喻精准，而且幽默。姜太公钓鱼的故事尽人皆知，老板通过它，很容易就联想到新员工的工作状态——神情悠然，缺乏主动钻研的精神，可能在想跟工作无关的事情。

任何公司都不会留下这样的员工。我们试想，主管如果采用直言不讳的方式，至少要列出几条缺点来证明，既不简洁，也不形象，不如使用幽默的方式，让人开心，引人思索。

如今，推崇幽默的不只是企业管理者，还有教师、演员、作家等。幽默的语言风趣、机智，更受他人喜爱。此外，善于运用幽默的人能制造轻松愉快的气氛，有助于他人提高工作或学习的效率。纽约的一家公司曾做过一次调研，主管为人幽默的部门，员工很少请假，而且会主动加班。

为什么会出现上述的情景呢？据心理学家的研究发现，懂幽默的人与沉闷者相比有以下几点差异。

心态：在工作中拥有幽默感的人，通常都有良好的心态，往往比最勤奋的人的业绩要高。因为最勤奋的人大多有沉重的心理负担，面对艰巨的工作很难乐观、长久地坚持，效率反而会越来越低。幽默的人则会轻松应对复杂的事情，容易找到窍门。

智商：有人认为严肃、沉默的人智商高，幽默的人只是能言善辩。可事实正好相反，幽默的人在智商测试中，分数远远高于沉闷者，而且应变能力更强。

人际关系：在工作和生活中，拥有幽默感的人通常很受欢迎，可以用最少的时间与人融洽相处，得到对方的信赖和帮助；而沉闷者在交往中容易出现沟通不畅的情况，也很难给对方留下亲和的印象。

自信：幽默的人遇到困难，通常会往乐观的方面去想，从而积极应对；而沉闷者会悲观失望，从而忽视了事情的转机。

以上介绍了幽默的要素和作用，希望大家对幽默有一个整体的了解。要想灵活运用幽默，不仅要全方位提高自己的素养，还需针对不同场合采用合适的技巧和方法。

用幽默来控制情绪

有人说，定力没了，功夫也就没有了。事实也正是如此，我们愤怒、悲伤的时候，本来可以解决的事情，却处理得很糟糕，要是不及时控制情绪，还可能会造成恶性循环。

在当今社会，让人愤怒的事情经常出现。这些事情原本不严重，但是有人会为此与他人产生冲突，一整天都怒气冲冲，严重影响了正常的工作和学习。这时，运用幽默，不仅能平静自身心态，还能与他人建立良好的关系。

小李是校足球队的前锋，高大强壮。在一次比赛中，他突入禁区，却遭遇对方球员拉拽。其实，对方球员根本不可能拉住他，他却停下来，怒斥裁判没有吹犯规，结果反被裁判给了一张黄牌。

赛后，小李跟教练抱怨。教练笑着说："离开鹰爪的鱼，只能下潜，不敢吐泡。"

此后，小李摆脱防守后就马上进攻，不再跟裁判争执。

教练没有评论对错，而是采用幽默的方式告诉小李一些足球场上的智慧。这样的幽默方式，能使人发现坏事中积极的一面，从而令情绪变得坚定而且向上，更容易获得成功。

在小说《少年维特之烦恼》中，维特听说深爱的女孩绿蒂已有未婚夫，便无比沮丧，选择结束生命。悲伤也是人们经常出现的情绪，对精神的破坏力丝毫不亚于愤怒。我们一旦走进悲伤的深渊，想再变得乐观就十分不易，这种情况下不妨借助幽默的力量，将心中的阴霾早日消除。

小东一过30岁，家里就催促相亲。终于，小东遇到一个让他心仪的女孩，二人相处一年后便开始谈婚论嫁，共同筹划婚礼的事宜。可不久后，女孩却提出分手，理由是小东给的彩礼太少。

后来，小东又找了个女朋友。这个女孩向他要楼房、汽车，小东的父母便给他准备了150平方米的楼房和30万的越野车。最后，人还是没留住，因为女孩嫌小东没有一份正式的工作。

小东很伤心，找好友阿发倾诉："也不知道是女孩太现实，还是太不现实。我是没有正式工作，可家里的超市月收入至少3万元，在我们这二线城市也算高工资了吧，却被商场的售货员嫌弃，一定是因为我年龄大了。"

阿发说："刘邦三十几岁时也是单身，街坊邻居都对他抛白眼，可独得县令恩宠。请拿出你的自信来！"

阿发告诉小东的正是爱情的真谛——就算全世界都认为你很差，但是我青睐于你。他选择历史人物作为依据，既表明了自己对朋友的重视，也告诫好友一定要自信，也许认可自己的是更优秀的人。

俗话说："榜样的力量是无穷的。"阿发通过幽默的方式来减缓好友的悲伤，相信小东以后也能勇敢面对物质和年龄给自己带来的压力。

还有一些情绪，如焦虑、紧张等，如果不能及时加以控制，也会对我们自身造成严重的影响。我们仍旧可以采用幽默的方式让自己变得轻松，从而减轻由精神状态带来的阻力。

人生在世，许多人都会有苦其心志的时候。要是我们的情绪失衡，可以用幽默来调节，进而恢复积极情绪，调整好状态，充分发挥自己的能力。

幽默必需的准备

古人说，未雨绸缪。幽默也是如此，必须提前准备，积累素材，等到急需的时候才不会束手无策。下面我们就一起来看看，驾驭幽默必需的要素有哪些。

气度

著名地质学家朱夏说："幽默来自于气度。"可究竟什么是气度？不同的人有不同的答案，如诗文气韵、大将风度、豁达豪放、宠辱不惊，这些都属于幽默的范畴。

我们先来看看诗文气韵。苏轼被贬黄州，写下《定风波·莫听穿林打叶声》，其中写道："竹杖芒鞋轻胜马，谁怕？一蓑烟雨任平生。"一个人要是腹中有这样的诗文，面对人生中的窘境，也会有潇洒、镇静的气度，幽默之语自然而出。

风度气魄，一来自天性，二来自后天磨练所带来的心理承受力和智慧。有风度气魄的人也许说不出华丽的语言，但是可在幽默中见其豁达和坚韧。

上海深坑酒店建在一个废弃的采石场中，再加上位于长江三角洲地区，施工过程中渗水问题十分严重。被浸的土层承受力极差，引发了许多事故。为了加强土层的强度，工程队的研究人员采用了很多种材料做试验，发现都不适用。

这时有人对主要研究员说："这么多次你都没成功，难道还要继续试验吗？"

"我虽然没成功，但是也没失败。至少我已经发现哪些材料不适合用来加固土层了。"

许多取得重大科研成果的人，就是有一种百折不挠的气度，并且能将其转化成幽默的力量来激励自己和他人。我们在运用幽默之前，也不要忽视对气度的提升。生活中有很多棘手的问题，你要是畏难，就算说出幽默的语言，也会因紧张而影响语速和音量，不见幽默。

应变能力

幽默有几大特点：无法通过多次彩排，向观众展示最佳效果；人们提出的话题多样化，听者要采用相应的幽默方式去应对；幽默受时机和场景的限制，一旦错过，将不再有意义。因此，想要让幽默发挥效力，你必须提高自己的应变能力。

张力给出租房屋的房东打电话。房东回话说："我男朋友总出差，所以我想租给女孩。"

"请允许我简单介绍下自己，相信你男朋友也会允许我入住。"

"你说吧。"

"我是北京语言大学的学生，租房考研。才疏，貌不扬，自称半个钟馗，可镇宅。"

"我和男朋友商量一下，一会儿给你回复。"

半个小时后，房东回话，让张力去签租房合同。

房东想找一个女房客，是因为男朋友总出差，要考虑个人安全问题。这对张力来说正是利用幽默的好时机。他先说自己的身份和要做的事，表明自己是品行端正的人。后说自己的长相和租房的原因，是向房东的男友说明，自己的入住只会对女孩起保护作用，你可以更安心地工作。

在生活中，很多事情会突然变化。我们若是用幽默来灵活应对，就不会错失事情的转机，因此要机智灵活地运用幽默。

符合自身优势

很多人认为幽默高手必然有超高的语言天赋。其实，并非如此。默片时代的表演大师卓别林在电影中没有说话，可是他的动作、眼神都透着幽默。我们想提高自己的幽默感，也要找到符合自身优势的表达技巧。语言表达能力强的人，可以提高语言的幽默感；不善言谈者，可借助其他方式来表达。

有所准备，运用幽默时才会内力十足。再结合自身优势，必能形成自己独特的风格，给对方留下深刻的印象。

运用幽默时的禁忌

列宁认为，幽默是一种健康的、优雅的品质，其意义是让他人和自己的生活更富于乐趣。但是，我们在运用幽默的时候也需要注意一些禁忌。一旦"犯规"，不但幽默的乐趣尽失，甚至会产生相反的效果。下面我们就来看看运用幽默时的禁忌。

语言攻击

别人如果接受你的幽默，必然是因为你让他感到快乐，所以千万不要借着幽默出口伤人。可是有的人正相反，他们的言语听上去令人发笑，仔细品味却是嘲笑讽刺，甚至还夹杂着脏话。从幽默的定义上来看，这些已经不属于幽默，而是语言攻击。

缺少文化修养

幽默中融入文化修养，才能耐人寻味，否则总是缺少一些内涵。若是把低俗、侮辱的语言当成谈论的内容，只会让人反感或愤怒。

楚茂是个高大憨厚的男生，同学大军经常取笑他。

"楚茂，谁给你起的名字？"大军问。

"我妈。"

"有什么含义呢？"

"我伯父家哥哥叫楚君，我爸想给我起名楚臣。我妈不服气，取名茂，是给我哥盖帽的意思。"

"胜利的意思啊！你怎么不叫楚胜（畜牲）呢？"

这种缺少文化修养的沟通，大多数时候只能取悦自己。可是我们交谈的目的，是与对方更好地沟通。因此，这种缺乏礼貌的谈话方式应摒除。

啰唆

简洁是幽默的一个基本要求。寓意深刻的话语也很少有长篇大论的。文艺上讲

"空白"和"期待视野"，就是要给听者留下遐想的空间。幽默是语言艺术，也应该遵循"言简而意无限"的创作理念。此外，有些事明明一句话就能说清楚，就不要用好几句去阐述。没有新意的话很难引起他人的注意，就算话语很幽默也可能被忽略。

虚伪

人们用真、善、美作为标准来衡量一部文艺作品的好坏。幽默也是一样，其中，真实为前提要求。例如，鲁迅笔下的阿Q代表了当时许多国人的精神状态，因此我们才会被打动，并从中发现幽默。

除此之外，幽默中的真实还包括真情实感。有位作家描写后生可畏："眉毛先长，却没长过胡子"，这种感叹才能给人留下深刻的印象。

品位低下

有人会用庸俗的故事阐述道理，主要原因就是品位低下。事实证明，品位低下的人在选材时很少引经据典，在表达的时候夸夸其谈，但是这样的幽默很难引人深思。因此，一定要全方位提高自己的品位，才能使幽默更有内涵。

过于自我

大家都听说过黑色幽默和美国式幽默，运用起来却未必能让他人发笑。这个时候，我们切不可自认为别人的理解能力低下，而要反思自己，是不是自己的幽默不符合受众群体的要求。这就好比，你会唱粤语歌，可是听众听不懂粤语，你就应该改用听众能听懂的语言（如普通话）来演唱，并且通过提高演唱技巧或改变舞台造型来保持自我。简言之，幽默既要让听众听懂，还要有自己的特色，才更有利于互动交流。

情绪泛滥

文学创作上讲究冷静和抽身，就是要防止情绪泛滥，因为情绪会影响对智慧的提炼。运用幽默时也要控制情绪，尽管幽默有释放内心情绪的作用，但如果我们身陷在自己的情绪中无法自拔，就会忽视和他人的共鸣。这也是运用幽默的禁忌。

运用幽默时若没有遵守禁忌，则容易出现画蛇添足、过犹不及、无的放矢等情况，从而失去了幽默的意义，所以切不可触碰幽默的底线。

别以为幽默是天生的

一些沉闷的人说："我天生就没有幽默细胞。"事实绝非如此。黄渤学的是配音专业，却被大家称为"喜剧之王"，这正符合"环境造就人"的说法。

许多人都没有专门提升幽默水平的环境，但可以在生活中学习运用幽默的技巧。运用幽默的最基本功夫就是把语言说得生动有趣，这一点可以通过给他人讲故事、开导他人等方式来加以练习。下面粗略介绍一下可以自我提升幽默感的秘诀。

严肃直接

演出中最忌演员笑场，因为他一笑，之前的付出和努力都将付诸东流。我们讲幽默故事的时候也不要自己先笑，一笑就会毁了给听众营造的情境，幽默的效果也会大打折扣。

所谓"直接"，就是没必要自夸，也无须谦虚。例如，省略"一定让你捧腹大笑""全仰仗大家捧场"等话语，直接进入主题。

情节大于人物

爱看故事的人都有这样的体会：有些人物的名字忘记了，但是精彩的情节却印象深刻。

听众最关心的是情节，所以介绍人物的时候要简单，情节则要清晰明确。

王僧虔是南朝著名书法家，常与皇帝一起习字。有一天，皇帝问："我们俩的字谁的更好？"

说皇帝好，违心；说自己好，又会让皇帝不悦。

于是王僧虔回答："臣书臣中第一，陛下书帝中第一。"

皇上对这个答案十分满意。

上述这则故事，没有交代具体是哪位皇帝，也没人会深究。要是把王僧虔的简介直接简略为"一位书法家"，也不会影响听者对这个故事的理解。人们最关注的，是王僧虔的回答。他的答话就是一个情节点，直接决定人物的命运。人们关注情节中王僧虔的回答，才能领悟幽默中的智慧，这比关注"王僧虔"这个名字更有意义。

切忌平淡

想要把一个故事讲得幽默，平淡不可取。用同一语速和声调来读文章，就会使故事中的感情色彩荡然无存。例如，在讲述上述故事时，皇帝问王僧虔话的时候，语速应该放缓——贵人话语迟；王僧虔答话的语调则应高昂，因为帝王需要这样的赞美。

适度

有人为了防止平淡，采用声情并茂的表达方式，但效果不一定好。表达幽默要符合自己的身份、听众的兴趣，不要大肆渲染、过度描写而让别人觉得做作。

不忽视小幽默

有些幽默只有一两句，许多人对此不感兴趣。其实幽默何来大小之分，有时候一点小幽默也能引起大家的注意。

美国有部电影，讲述的是一位酗酒的老头的故事。有一天，他醉倒在自家别墅的墙外。抬头时，他先看到天上的月亮，后看到墙上的圆形灯，大喊："落下来了。"

这里的台词是"落下来了"，而不是"月亮落下来了"。正是因为台词短，才更能表现老者惊慌的心态，更具幽默感。

为了增加自身的幽默细胞，还有些事情要多加注意。例如，跟听众要有眼神交流，所用词汇应简单易懂等。遵循以上规则，幽默会伴你一生。

有故事的人更幽默

翻看广为人知的幽默故事，有很多来自文化名人。他们有一个共同的特点，就是都有着丰富的人生阅历，被称为"有故事的人"。一些学者认为，有故事的人更幽默，并将老舍和林语堂做比较：老舍的小说中有很多幽默的人生感悟，而林语堂的小说则具有浓厚的文化底蕴。

为什么大家都觉得老舍幽默？因为他的故事真实，更贴近读者，所以说出的幽默很可能就是大家的心声。例如，小说《月牙儿》中说："人若是兽，钱就是兽的胆子。"这充分反映了他对当时社会的认识。还有一些有故事的人，不仅予他人幽默，对自己也幽默。

苏轼是个幽默的人，身边常有好友与他相映成趣。

某日傍晚，苏轼和好友佛印和尚泛舟长江。酒正酣时，苏轼往岸上一指，佛印望过去，看见一狗正在啃骨头。佛印有所领悟，就把写有苏轼诗句的扇子抛入江中。两人相视大笑。原来苏轼给佛印出了一个上联："狗啃河上（和尚）骨。"佛印对得也令人叫绝："水流东坡尸（诗）。"

这是被贬黄州时的苏轼。他曾这样描写自己的生活："黄州地势低，几面临水，自己如井底蛙。"生活如此艰苦，他依旧不忘幽默。这种豁达多来自人生经历的馈赠，因此随处可见可笑之事。下面我们再来看看，苏轼独自面对人生困境时的幽默。

苏轼因乌台诗案入狱，生死未卜。他与长子苏迈约定，若只是关押，每日送红烧肉和蔬菜就行；要是斩首，以鱼肉代替。

过了一个多月，苏迈有急事外出，委托亲戚给苏轼送饭。亲戚记得苏轼爱吃鱼，就做五柳鱼送给苏轼。苏轼看到鱼后仰天长叹，遂作诗一首，诗句却让人忍俊不禁："魂飞汤火命如鸡。"

　　这个时候，苏轼想起了炖鸡，的确引人发笑，但这种幽默不是偶然而来的，而是来自丰富的人生经历。一位作家称苏轼为"千古吃货"，他的饮食故事尽人皆知。例如，他写黄州的猪肉价格低，造成的情景是"贵人不肯吃，贫人不解煮"，于是他早饭也吃肉，独得欢喜。就算面对斩首，他仍拿鸡自比。正是因为这些故事，再加上他豁达乐观的心性，后人才称苏轼为"幽默大师"。

　　阅历能让人人情练达，多读书才能妙笔生花。面对琐碎小事、命运的突变、他人的无端攻击时，使用恰到好处的方式去表达和化解，这才是幽默的最高境界。

你离幽默并不远

周华健有首歌叫《最近比较烦》，歌词中写尽了生活的琐碎和无奈：前路渺茫，追赶的天才少年越来越多；背井离乡，感觉孤单；随着年龄增长，无法抑制脱发……

不可否认，生活中的烦恼就是这样多，有时让人觉得日子了无生趣。这时，我们急需一双善于发现幽默的眼睛。其实，幽默离我们并不远，它就在家人、同事、路人的身上。

弟弟上小学的时候，个子矮小。我带他打篮球，也没能让他快速长高。

有一天，他跟我说："哥，我真想得一种病。"

我以为是脑垂体分泌过多生长激素而导致的肢端肥大症，问："什么病？"

他答："骨质增生。"

类似这样的幽默往事还有很多。

弟弟小时候总爱缠着我，让我给他讲故事，问我问题。

有一天，他突然问："为什么电视上说梦（瓮）中捉鳖？是不是鳖太稀少了，只有在梦里才比较好找？"

相信许多人都对孩子的问题不胜其烦，但为什么不去发现问题中的有趣之处呢？孩子的想象力完全超乎我们的想象。跟他们交流，让自己回归童真的世界，我们会收获很多的乐趣。

对于成人来说，占用时间最长的是工作，但大家可以在工作的闲暇之余制造一点幽默。

小周周日到颐和园去相亲。次日下班，同事小王问相亲的过程和结果。

小周说："昨天早上十点见面，天气是王菲歌中的'大风吹'。中午吃过饭，就散了。下午心情像伍佰的《不确定》。晚上女孩来信息，说我们不适合。有点难过，听了一首王菲的《如风》。"

"下周不忙，一起唱歌去。"小王说。

工作、结婚是许多人都避不开的话题。相亲失败，有人会受到沉重的打击。其实，完全可以用幽默来化解，回忆当天的风景、等待的心情，不必过分伤心。

要说幽默涌现最多的地方，莫过于社会。在社会上，你会接触各行各业的人，其中有些人的幽默让人经久不忘。

老唐其实年纪不大，只是发际线悄无声息地后移了。剪发时，他对发型也没有严格的要求，但是有些话还是要问的。

"老弟，你看我剪什么发型好？"老唐问理发师。

"哥，你想要剪哪一种啊？"

"你有经验，剪个适合我的就行了。"

理发师拿出电推子，用10分钟就剪完了。

"卡尺啊，这也太简单了。"老唐说。

"哥哥，我会你不会，这就叫技术。"

理发师对技术的定义十分幽默、精辟。能够把简单的事做到符合他人需求，正是许多技术的本质。理发师运用幽默来解释技术的概念，能给人留下更深刻的印象。

幽默来自语言、行为，这两者最丰富的来源就是生活，而且素材层出不穷。我们得到幽默的素材后，可以在不同场合灵活运用，让他人愿意接近自己。

艺术源自生活。不要抱怨，用心体会身边细小的幽默，并形成自己的感悟，你的生活会充满生机。

言由心生，让幽默彰显素养

关于素养的解释有很多种。从语言学的角度看，素养是指在与人沟通时所体现出的文化层次和品位，主要表现为道德素养和业务素养。判断一个人幽默感高低的简便方法是：看他是否有能力用幽默彰显道德素养和业务素养。

当下，人们用包容力来衡量一个人道德素养的高低。例如，在当今经济大潮下，经常有人向他人灌输享受主义价值观，但有精神追求的人，会与他们发生争执，可无论谁的语言犀利，都很难形成人格魅力。真正高素质的人会用幽默告诉他们：人们各行其是，事物才能够多元化，所以应该尊重别人认可的价值。这就是一种高雅的道德素养。

晓丹是个音乐爱好者，十分崇拜赵雷，总向好友们推荐赵雷的歌。

"我说了很多遍，尚雯婕才是我的偶像，民谣哪有电声刺激。"彤彤回答说。

"其实我也挺怕'雷声'，但是我想静静欣赏他写的《画》。"阿曼说。

阿曼用幽默来表达自己的喜好，尽管婉拒了晓丹的强力推荐，但是对赵雷有所肯定。这样展示道德素质，才能与人良好交往。

业务素养在当今社会非常重要，尤其是在求职应聘的场合。如果你能用幽默的语言展示业务素养，则能在很大程度上引起招聘者的重视。

一家大型家装公司招聘伐木工人。一个身材瘦小的男子拎着电锯来到招聘办公室。经理看了一眼瘦小男子，就让他离开。

"经理，希望你给我一次机会。"

"给你3分钟，锯好那两棵红松。"经理指向不远处的两棵树。

时间才过了2分钟，瘦小男子就完成了任务。

"以前在哪儿工作？"

"大兴安岭的一个牧场。"

"这么好的技术，怎么放牧了呢？"

"牧场上的树伐光了。"

　　瘦小男子运用幽默表现了自己的业务素养。众所周知，大兴安岭盛产木材，他说自己在牧场工作，却说牧场是自己由森林改造而成的，用这样的幽默侧面说明了自己技术的高超，同时也向对方表明，自己有丰富的阅历和有趣的性格，可谓用意丰富。

　　运用幽默，以最简洁的方式来介绍人生履历，这比个人简历更能吸引人的注意。《光明日报》上曾刊载过一篇题为《告别平庸时代》的文章，说这个时代更愿意接纳那些与众不同的人。那么，要怎么做才能在众人当中脱颖而出呢？就是要以最快的速度展示自己的素养，占领制胜点。如果选择张扬，难免给人留下不沉稳的印象。而幽默就好比一件高贵、舒适的衣服，帮你彰显素养，赢得青睐。

　　这是一个人才济济的时代，如果我们仍然抱持"是金子总会发光"的观点，很可能会错过展示自我的机会。这也是一个瞬息万变的时代，曾经的优秀人才有可能变得平庸，或者被淘汰。我们应当在适当的时机用幽默展示素养，也许这一次运用幽默，能给我们带来更开阔的平台，改变一生的格局。

Chapter 02

玩转幽默，
让你处处受欢迎

　　看到他人自如地运用幽默的时候，你是不是特别地羡慕？如果你不能玩转幽默，通常会小心翼翼地发表意见，这样他人就很难留意你在说什么。而难以引起他人注意的人，是很难让自己处处受欢迎的，所以要想办法把幽默运用得游刃有余。

从讲好一个笑话开始

有的人幽默风趣，走到哪儿都会带来欢声笑语，人们自然愿意接近他；有的人严肃冷漠，走到哪儿都没什么朋友，遇到复杂的事情就不知所措。从这样的对比来看，孤独冷漠的人可以尝试运用幽默，以扩大交友的范围，从而收获更多。

可是让一个严肃的人突然改变风格，并不是一蹴而就的事。有人看到一些看似高超的幽默技巧，在与他人沟通时便生搬硬套，难免会出现东施效颦的情况，让人觉得别扭、可笑。

其实，幽默并没有一些人想象的那么高深。只要采用循序渐进的办法，个性孤僻的人也能成为众人的开心果。一般来讲，学习幽默应该先从讲笑话开始。例如，我们在电视上看到的那些相声演员、喜剧演员，他们的幽默也有很大一部分来自后天训练，起步时也是从讲笑话开始。

在练习讲笑话的时候，要遵守不落恶俗、出人意料、贴近生活这三个原则。下面我们就来看一个可借鉴的笑话，并从中找到学习幽默的钥匙。

小杨支持媳妇璐璐工作，主动承担起做饭、打扫卫生等家务。元旦，媳妇向他表示感谢，请他去西餐厅就餐。二人就餐期间，偶遇璐璐公司的经理。

"璐璐，你也在这儿吃饭啊？"经理问。

"是啊！这是我先生小杨。"璐璐介绍。

"你好，杨先生。请问杨先生做什么工作啊？"

"营养的修复和重组、碳水化合物的分离和配比。"

"杨先生是营养学家啊，佩服。"

经理离开后，璐璐问："你什么时候开始研究营养学的？"

"我天天都在家研究啊。"

"你说的营养重组、碳水化合物分离都是指什么？"

"例如，给你做小鸡炖蘑菇，把芹菜切成段。"

"亏你想得出来。"璐璐笑着说。

这种幽默的方式在生活中十分常见。例如，一名建筑工人参加孩子的家长会，其他家长问他的职业，他说自己是美容师——经常粉刷墙壁。试想一下，如果小杨和那名建筑工没有相应的生活经历，是很难想出此等幽默的语言的，而且这些幽默还符合他们自身的情况。

说到出人意料，它是运用幽默时经常采用的方法，通常凭借想象起作用。例如，小杨把做饭称为营养的修复和重组，对方视其为学者，就是因为由此想到了他的知识构成。

文化被许多人称为幽默的灵魂，因为幽默和滑稽相比，有着更高的文化要求。把幽默和文化结合，能让他人觉得你是一个高素质的人。

故事贴近生活，出人意料，能够让人想到更多的场景。或许听者还会向你反馈一个类似的笑话，增加你的幽默储备。幽默中蕴含文化会帮助你给人留下良好的第一印象，进而得到更多的展示机会。

与人寒暄，幽默更具亲和力

幽默是对一个人的智慧、才华、学识的综合考量。善于运用幽默的人在谈话的寒暄阶段，就能借用幽默的话题给对方留下很有亲和力的印象。下面我们就来看看，如何运用幽默让日常普通的问候变得独具特色。

清华大学邀请李嘉诚之子李泽楷讲学。校长在北京饭店设宴欢迎李泽楷。和李泽楷同坐一桌的还有一名北大教授，是国内知名的政治经济学专家，十年前就认识李泽楷。

"泽楷兄的风采一如当年啊！"

"头发滑坡，脑型依旧。"

"贵人不顶重发。"

"唉！我的头型只能打理成椰果，羡慕你如松柏。"

"在北京就得耐寒，明天你讲完课，我带你去吃火锅。"

两人虽多年未见，但是在寒暄中频频运用幽默，很快就拉近了彼此的距离。这种自然的幽默远比固定的客套更温暖。

谈吐幽默的人在与人交往之初就取得了胜利，而那些古板的人会失去很多机会。把幽默融入寒暄，能够化解两人初次见面时的压力，从而轻松摆脱尴尬的困境，建立良好的关系。但是我们需要切记，寒暄的时候不可妄自尊大，尤其是在庄重的场合，不能直呼其名，否则会给人留下目中无人的印象。

如果担心寒暄引发矛盾，有一个办法最可行，就是谈论天气。把幽默和天气放在一起，能够增添生活乐趣，愉悦心情。

公司的几名员工坐在一起谈论天气。近年天气反常，沈阳这座北方城市也很少降雪。一名员工说："这都三九了，怎么一场小雪都不下？"

一位性格老实的员工说："是啊！去年这个时候还有一场暴风雪呢。"

一位爱看天气预报的员工说："我看是被南方借去了，昆明这些天下大雪。"

喜欢音乐的员工说："上天一定是听过《雪人》这首歌，不想让它在春天流泪。"

在这个"泛娱乐"的时代，喜欢音乐、电影的人很多。喜欢音乐的员工运用幽默提起一首歌曲，而其他人可能由它联想到电影《冰雪奇缘》，并引出新的话题，共同营造其乐融融的氛围。

如今，全民健身热、健康也是很多人寒暄的内容。面对这个严肃的话题，也可以运用幽默。

健身房的休息区中，几个正在减肥的大学生在聊天。最胖的学生说："别人都说跑40分钟，至少脱水2斤。我怎么不掉体重，反而长了1斤？"

一个同学问："你是不是午饭吃多了？"

"就一份拌菜，眼睛都饿绿了。"

"据我分析，你是汗毛孔大开，把空气中的水汽吸进去了。"

肥胖本是一个尴尬的话题，但是善于运用幽默的人大多有奇思妙想，当其与他人交谈或讨论时，可以快速活跃气氛，化解尴尬，让谈论火热进行下去。

人与人相处，好的开始是成功的一半，因此可以用幽默博得对方的好感，以后交谈就更顺畅。

不必反唇相讥，幽默更具力度

在工作和生活中，我们要与不同的人交流，难免会出现一些矛盾。例如，和同事因意见不统一争吵；受到亲朋好友的嘲笑，不服气而反唇相讥。反击力度小，难出心头怒气；反击力度大，彼此仇恨，严重影响以后的交往，得不偿失。

可是，毫无立场的忍受，会让自己十分压抑。这时候，我们不妨利用幽默去反击，将矛盾以大化小。

小敏是个歌迷，为了看演唱会，花1300元买了门票。可是，演唱会当天老板让她加班。

小敏跟老板说："老板，你临时加班，我无法接受。"

"别人都加班，为什么你不能？"

"这是我的权利。"

"你既然要自己的权利，明天就不要来上班了。"

"你这属于无故辞退，得给我违约金……"

两人争执了很久。小敏到演唱会现场时，最喜欢的助演嘉宾已经演出完毕。

小宋也遇到了老板让加班的事情。他用幽默的方式去请假，结果得到了老板的许可。

小宋满怀歉意地说："老板，我老婆给我加了个班，接孩子，我能现在就走吗？"

"没别人能替你吗？"

"老板，我在北京相当于猪八戒下凡，举目无亲。"

老板笑着说："走吧。"

公司加班通常是因为有重要的任务，这个时候请假很难，而小敏却直接跟领导理论，并要求赔偿违约金。从表面上看，小敏是有些道理，但是公司的利益是大家的，关键时刻需要大家齐心协力。她这种个人主义的行为必然会激怒老板，给自己带来不好的后果。

小宋的态度是满怀歉意，老板能感觉出他真的有重要事。小宋运用幽默说出的情况也正是许多外地务工者的难处，而且比喻得生动有趣。他自嘲是猪八戒下凡，说出了自己孤身闯北京的艰难，能够得到老板的理解。老板知道接孩子的事重要，而小宋的幽默又能让老板在心情愉悦的情况下准许他请假。这种和谐的氛围正是公司良性发展所需要的。

生活中，我们遭遇的分歧也很多。尤其是面对亲朋好友时，一旦争吵过火，对亲情、友情都是巨大的伤害，不如用幽默来阐述道理。

大齐到了33岁还没有结婚。父母非常着急，找来自己的亲朋好友，劝说、激将、催促的方法都用了，全部失灵。大齐的三叔自恃口才好，还要试试。

"大齐啊！你还记得阿圆吗？"

"记得，他现在怎么样？"

"去年被骗婚的骗去5万彩礼，家里都一贫如洗了。他也真有本事，今年找个烟店的老板结婚了。厉害不？"

"真有能力啊！"

"他都能处个对象，你说你差哪儿呢？我说你就是没有自信。"

"我要是能找到可信的人，能比阿圆提前一年结婚。"

"那就抓紧找。"

大齐面对三叔的批评，没有反唇相讥，而是用幽默说出了自己交女朋友的难处，且表达了自己交友的准则，可谓一举两得。

可见，幽默是比反唇相讥更高明的办法。它能让对方不忍拒绝你的要求，又给予理解；也能让双方把难以回答的问题暂时搁置，又不伤和气。聪明的你可以多运用。

遭遇刁难时，用幽默化解

在交谈中，被他人刁难是很不愉快的事情，但是有些问题是不能回避的。例如，你为什么报考这个专业？你的专业不对口，为什么来应聘？你工作经验少，凭什么相信自己会成为优秀的员工？

对于一些人来说，像上述那些难题从求学开始就没有缺席过，而且越来越多，越来越刁钻。没关系，幽默可以为你分忧。

小天报考了艺术院校的编导专业，通过笔试，来到面试环节。他本以为主考会问许多专业知识，可是主考官却问："你说说怎么解决学费问题吧。"

这时，他才发现主考官的桌上放着自己的报名表。而且父母职务那一栏，他填写的是"无业"。主考官这么问，也有他的道理。

"我听说贵校有高额的奖学金，这个问题得在老师的培养下解决。"

小天幽默地把"学费"转移到"奖学金"制度上，并把问题抛给老师，可谓一石二鸟：一是表达了自己被录取后努力学习的决心，二是肯定了老师的教学水平，必然会受到老师的青睐。此外，老师面对这样幽默而且聪明的回答时，在这个问题上的追问也会到此为止。因为如果再讨论下去，将是由老师来具体介绍奖学金制度了，这样就很难在短时间内全面了解一个学生。

在职场，我们面对的刁难更多，有一些问题甚至是对我们能力的轻视。"你在学校的成绩只是及格，是不是有些懒散？""你的简历上显示你没做过管理者，是不是缺乏领导能力？"面对这些问题时，我们总不能对领导说"请您拭目以待"，更不能说"您说得不对"。这都不符合领导的意愿。这时，我们何不采用幽默的方式来绕开这些问题呢？

小萌去一家建筑公司面试，遭到领导刁难。领导拿着她的简历说："我要的是有三年以上设计经验的员工，你只是在一家装潢公司实习过半年，凭什么来应聘？"

"凭天赋。"

"你认为什么是天赋？"

"猎豹要学习捕食技巧，而蟒蛇天生就会。"

"你是说自己遗传好？"

"是的，我爸有自己的铁艺公司。"

领导竟然录取了小萌。

领导用工作经验来刁难小萌，却被小萌绕到谈天赋和遗传上去。古人说，观千剑而后识器。小萌所谓的天赋就是自身的优势——家里有铁艺公司，她对很多艺术品耳濡目染，见识可能高过一些有经验的员工。

除此之外，在这个倡导合作共赢的时代，小萌父亲的公司很可能会成为建筑公司的合作伙伴。她把面试改造得像商业洽谈，幽默也运用得高妙。

要是我们没有"天赋"，也可以向领导说明抱负。一名大学生应聘销售经理时，领导嫌他年纪太小。他说："西汉时，终军弱冠请长缨，说服南越王。您若给我一次机会，我愿说服几个大客户。"

在人际交往中，幽默可以化逆境为顺境，尤其是在面对一些故意的刁难时，幽默能为你赢得回旋的余地，进而从容面对困境。

借幽默打造良好氛围

人生不如意的事情太多，一旦超出了一个人的容忍范围，他就会出现抱怨、愤怒、苦恼等情绪。心理学家的研究表明，负面情绪会快速传染，让人把并不严重的事情扩大化，都忘了可借助幽默来打造良好的氛围。

北京的一家公司欲组织员工旅游。员工可从香港、杭州、青岛之中选择一个作为游玩地。若是携带家属，单位可报销一半路费。

大多数人第一时间淘汰香港，因为去那里花费太大。在杭州和青岛之间，多半员工都想去杭州，毕竟那里景点多。有几个女员工极力想去青岛，因为可以带孩子去游泳。

由于意见不统一，旅游地点迟迟定不下来，老板决定遵从"少数服从多数"的原则，定杭州为游玩地。一个想去青岛的员工却跟老板说："我姐在杭州工作，告诉我那里天天下雨。望您考虑大家游玩时的心情。"

一件已经拍板的事又被推迟，许多员工因此带着怒气工作，公司的氛围很不好。老板找一名老员工商量："你说我该怎么处理旅游这件事？"

"老板，恕我直言。论心情，再能闹的龙王，也赶不上几个三太子啊。孩子要出事，大家寸步难行，公司还得赔偿。"

次日，老板宣布三天后去杭州，旅游时间为八天，许多员工击掌相庆。此后，员工们都能心平气和地工作，提高了公司的业绩。

老员工向老板提意见时，没有回避杭州的恶劣天气，而是用幽默的方式比较了去杭州和去青岛的安全系数，最后还站在公司利益的角度上进行劝说，必然会达成目的。

在生活中，有些分歧会严重影响彼此沟通的氛围，运用幽默能让大家和谐共处。此外，幽默是抚慰受伤的心灵的灵丹妙药。但是，一定要注意两点，才能对症。

了解对方的苦恼

由于成长经历、所受教育有所差别，每个人苦恼的事情也不一样。当我们决定用幽默宽慰他人时，了解他人的苦恼是最重要的。

阿忠和阿荣在北京合租了一个双室楼房，客厅用来当健身室，可这种生活只持续了几个月。阿忠的母亲来北京看病，他的侄女小曼陪同前来。

阿荣为了照顾伯母，让阿忠和自己住一个房间。过了半个月，阿忠的妻子抱着患肺炎的儿子，从老家赶来治疗。阿荣跟阿忠说："让嫂子和侄子睡我的房间吧，客厅的温度对我来说不算什么。"

为了挣医药费，阿忠经常熬夜加班，也只是勉强够用，这让他十分苦恼。

"阿荣，人们常说祸不单行，我这是全赶上了，还连累你。这些天，我常想怎么解决眼下这困境。你嫂子来了，照顾老人、孩子一个人就够了。我合计让小曼出去找点事做，她也是大专毕业，还在我以前的建筑工地当过会计。可是我开不了口，好像不愿给孩子口饭吃似的。"

"小曼出去也只是实习生，都挣不了陪伯母聊天的钱。再说隔辈亲，嫂子不如孙子。"

经济问题是阿忠最大的苦恼，阿荣早就知道，但是他耐心听阿忠讲出更深一层的苦恼——闲置人员小曼。可那只是阿忠个人的看法。就人对他人的依赖性来讲，小曼不可或缺。阿荣就用幽默的语言阻止了朋友的错误决定，也防止了小曼和阿忠产生矛盾。我们想要帮他人制造良好的氛围，就先要了解真正让对方苦恼的事情是什么。如此一来，对方才会按照我们的建议，打造和谐的氛围。

我们想了解他人的苦恼，也不要急着下结论，要等对方倾诉完、情绪有所缓和时，再去安抚，效果才更好。

接纳对方

要想理解他人的苦恼，最重要的、最困难的就是感同身受。总有人从自己的主观意识出发，认为别人说的苦恼不算什么。这种意识只会使他和别人产生距离，就算自己再幽默风趣，也很难得到反馈。

"丹枫，我家乡的钢铁厂招宣传人员，说只要1986年以前的。"大聪说。

"那也比一些医院要好，年龄、学历、工作经验差一点都不行。"

"所以我觉得学点受限制少的技术很重要。"

"是啊！最近我学针灸呢。"丹枫在洗浴中心的桑拿房里说。

"蝼蚁尚存，那么多什么也不会的人也活得很好。我邻居……"一个不认识的中年人说。

"丹枫，我有点头晕，先出去。"大聪说。

"我也出去。"

想让别人接受自己的言论，就一定要融入别人说话的语境，否则幽默更像是反驳和讽刺，令人厌烦。因此，要先分析对方的立场、感受，再运用幽默，才能营造轻松愉快的氛围。

发生过错时，运用幽默更易被谅解

有经验的人也会犯错，可见犯错是人之常情。有人说贵在能改正，但改正到什么程度才算正好呢？保证不再犯错只是改过的基本要求，深层的要求是像负荆请罪一样，能够得到原谅和信任，以后大家还能共事。

人在犯错后会出现恐惧、焦虑等情绪，原因是担心不被他人原谅，受到相应的惩罚或报复。沉重的心理负担会严重影响身心健康，要是用诚意加幽默去道歉，则更容易让别人会心一笑，从而获得谅解。下面我们先来看看如何做到真诚，再来看如何在道歉中加入幽默元素。

坦承错误

许多人在道歉之前，喜欢对自己的错误含糊其词，以为会淡化矛盾。这种想法是错误的，因为不坦承错误，对方会认为你没有诚意。

表示将做补偿

错误总会给他人造成一定的损失，我们在道歉的同时，一定要表明愿意给对方赔偿，并且语气要真诚。有的人犯错后，希望通过几句好话来得到谅解，这是不正确的。这样得到的不叫谅解，而是别人不想和你计较，很可能造成关系的断绝。

深入分析错误

向他人承认错误时，要表明自己给对方带来的具体影响，如工作、学习、生活方面的影响。只有深入分析错误，对方才有可能认为你是个明事理的人，不会对你提出苛刻的要求。

不必浮夸

表达歉意时真诚、实际最好，不必夸大其词。例如，很小一件事，非得说我此生感谢你的宽宏大量。更不要因很小的过错，一再道歉。例如，小说《小公务员之死》中，小公务员只是不小心冲将军打了一个喷嚏，却频繁道歉，惹烦了将军。前者会让人感觉虚伪，得不到信任；后者小题大做，让人觉得没有必要。

真诚，是获得原谅的前提，要是再加入幽默元素，获得谅解就更容易，还能得到别人的尊重。

周末，小唐和几位同事去一所大学的篮球场打球。为了防止受伤，小唐和一个同事摘下眼镜放到篮球架底下。

他们球技高超，对抗激烈，引来许多人围观。一位附近高中的学生站在小唐和同事的眼镜上鼓掌，两副眼镜都被踩坏了。

小唐对高中生说："弟弟，你踩到我们眼镜了。"

"哥，对不起。"

"脚下有东西就一点也感觉不出来？"

"哥，请原谅，我这书读得就剩脑袋一个不迟钝的地方了。学校的眼镜店就在这附近，我带你们去换新的。"

小唐的同事说："算了，我正打算换副新的。"

小唐说："弟弟，有勇气承担责任就是好样儿，不用你赔。"

高中生用幽默说明自己犯错的原因，并且主动提出赔偿，显得十分真诚，让人看到了该有的担当，也就快速获得了谅解。

在生活中，我们会出错的地方太多了。如果我们能利用幽默让对方微笑，许多矛盾就能在微笑时风吹云散。

用幽默提升人格魅力

现代成功学大师拿破仑·希尔说："也许你的长相、身份都没有魅力。没关系，在与他人交流时，幽默的语言能提升你的人格魅力。一个有魅力的人，离成功不会太远。"

幽默跟道德说教相比，或许显得不够严肃、认真；跟声音铿锵的演讲相比，缺少振聋发聩的气势；跟洋洋洒洒的文学作品相比，没有太多华丽的语言。可是它简单、智慧、轻松，具有润物无声的优势，能让陌生的人更愿意亲近你。

作家余华应北京电影学院邀请，给学生讲电影《活着》的创作心得。他说："大家一定很想知道，学校为什么请我，而不是张艺谋。我跟张艺谋比有两个优点，身价低、细致。"

话音刚落，学生们一下笑起来。此后的几个小时，大家都认真听余华分析《活着》的细节处理，认为对自己的剧本创作有很大的帮助。

幽默风趣的艺术作品受人喜爱，语言幽默的人也受大家欢迎。在公司，员工欢迎幽默的上司；朋友聚会，幽默的人能活跃现场气氛；就算在一些严肃的场合，也可以借助幽默，使自己的语言产生巨大的感染力。

在一次"香港小姐"竞选大赛上，主考人向一位并不出众的选手提问："假如周润发和林夕都25岁，你更愿意嫁给哪一个？"

该选手思考片刻以后，微笑着说："我愿意嫁给林夕。"

观众投来诧异的目光，几位评委也深感意外。那位选手接着说："我是学文学的，喜欢林夕，就好比篮球迷最喜欢乔丹，而不是周润发一样。"

场下掌声雷动，这位选手竟然获得很高的支持率。

其他选手面对这个问题时，可能都会选择周润发。理由也必然会有诸多相似之处，很难引起评委们的注意。选择林夕会让全场观众都感到吃惊，但是那位选手的解释让许多人看到了她可贵的价值观。每个人都有自己喜欢的领域，所以对在乎的人不能只用颜值和金钱来衡量。意料之外的答案会让观众惊喜，因此选手也会得到更多的支持。

压力过大时，用幽默自我缓解

古人曰："不如意事常八九，可与语人无二三。"许多人试图用忘记来消除压力，可这只不过是抽刀断水水更流。

心理学观点认为，压力是真实存在的，恐惧却是人自己找的。事实也的确如此。大家看过许多体育比赛，不难发现：优秀的选手不是不会出错，但他们能够通过心理暗示调整状态，弥补失误，从而使压力降到最小值，或者转化为成功的动力。在这个调整的过程中，幽默起到非常大的作用。幽默的人能在失败中看到成功之处，终有一日还会卷土重来。

平昌冬奥会女子自由式滑雪空中技巧决赛中，赛场上刮起西北风。6位参赛选手中，3位落地时完全跌倒，1位手扶地。

这几位失利选手中，有索契冬奥会的冠军得主。记者问她怎么看待落地失败。

她说："你一定不知道，参加空中技巧的选手只会冲着天空欢呼或流泪。"

空中技巧的计分标准是：腾空2分、空中技巧5分、着陆3分。因此每一位想夺冠的选手都不会放弃对空中动作难度的追求，可这是一把双刃剑。选手增加空中动作的难度系数，难免会影响下落的时间和姿态，甚至最后跌倒。

前冠军用幽默回答了记者的发问，也是对自己失利的反思。许多事都是如此，问题出现在有连带关系的环节上。不把这个问题解决好，压力就很难得到缓解。

有些竞争者采用放弃的方式解决压力，这叫逃避。如果有些事情必须面对，如生、老、病、死，应该怎么办呢？

李志是一名画家。他为了参加全国美术作品展览，夜以继日地绘画。参展以后，他去当地的医院检查腰伤的老毛病，被确诊为骨髓瘤。

李志卖光画作和房产凑医疗费，可是钱很快就花光了，只能拿起画笔继续作画。一位画商很欣赏他的作品，并主动提出带他去协和医院复诊，结果让人唏嘘不已——骨刺。

如今，李志回想起这段经历时这样说："我是绝望画绝笔，要不哪能得贵人相助？现在想起来也算悲喜交集。"

试想如果是别人遭遇此类突变，想到如果不被误诊，人生可能会出现许多的不同，他的心态很可能会失衡。这种想法是巨大的压力，会严重影响他对生活的态度。可李志用幽默来原谅厄运，并从中看到了好的一面。试想如果他不是急需钱，未必把画作画得那么精彩，也自然不会遇到帮助自己的画商。有些压力是能够转化成动力的，但只属于能用幽默抗压的人。

事业上的挫折是最为常见的压力。有人会为此选择放弃或气急败坏，最后只能面对失败。幽默的人会把失败当作成功的铺垫，并通过耐心的实践获得成功。

袁隆平原本是农业技术学校的老师，为了解决全国人民的温饱问题，苦心研究杂交水稻。经过多次尝试，他的研究刚有了一点起色，却被人砸坏了实验器皿。但他没有气馁，终于研究出震惊世界的杂交水稻。

外国记者问："袁老师，是什么精神让你战胜恶劣条件和失败的？"

袁隆平回答说："杂交水稻的精神，无论在什么环境下都不放弃高产的可能性。"

一个取得巨大成功的人，面对的失败和打击通常是超乎想象的。幽默就是促使他们奋进的力量。袁隆平无惧知识的有限、他人的破坏、科研条件的不足，终于实现了伟大的目标。

有时候，我们做事也会遇到层层压力，信心和斗志都会减弱。此时，我们可以用幽默来提高意志力。此外，我们也可以用幽默感染他人，让他们与我们共同奋进，帮助我们缓解压力。

Chapter 03

掌握幽默技巧，
交谈更轻松

大家都听说过"蛮力"一词，指的就是缺少技巧的力量，其效果通常是事倍功半。我们运用幽默时若不讲究技巧，收效也一样会事倍功半。因此，我们必须掌握一些对交谈有帮助的幽默技巧，这样沟通起来才能轻松、高效。

用幽默适度赞美

任何人都喜欢幽默且适度的赞美，而不喜欢指责。如何用幽默适度赞美呢？就是你的幽默要真诚且有趣。若是背道而驰，对方很可能把你当成阿谀奉承之人，产生反感。例如，在小品《拜年》中，赵本山用幽默赞美范乡长为人民所做的贡献，如三峡治水、香港回归，可这帽子戴得太高了，完全不符合一名乡长的能力，还不如真诚、有趣地夸对方为人民所做的实事或对方自身的优点。这样，对方听到后一定会微笑接纳。笑具有巨大的威力，不仅能给你良性回馈，还会促使彼此的关系向更好的方向发展。

小夏经常去一家健身房训练。有一次，他忘记带会员卡了，跟前台小月商量后，拿公交卡来代替。不久，他又忘记带健身卡了，而且这回连公交卡也没带。

小夏拍着脑袋说："美女，知道你值班，我飞奔而来，卡都忘脑后了，求放行。"

"你进去吧，但是千万别受伤。"小月居然放行了。

次日，小夏给小月送水果以表感谢。二人成了很好的朋友。

健身房的前台大多长得漂亮，所以小夏的赞美真诚、贴切。而且他将自己忘记带卡的原因讲述得幽默、形象，这便很可能得到小月的理解和帮助。可见，我们找到赞美的角度后，打动一个人并不难。

有时候，我们没有第一时间找到合适的切入点，此时，通过察言观色快速调节，也能达到想要的效果。

小唐手机的钢化膜摔碎了，他将手机拿到家附近的维修店修理，发现服务员换人了。

小唐问："你好，以前贴膜的女孩辞职了吗？"

"哪个女孩？"

"就是挺瘦那个。"

"没见过。"

小唐看眼前的女孩身材稍胖、高大，马上意识到自己说错话了。

"就是挺瘦小的一个女孩，还有点黑，没你大方、耐看。"

"放心吧！我的手艺不会比她差。"女孩笑着接过小唐的手机。

在胖人面前说"瘦"字，难免出现"说者无意，听者有心"的情形，所以胖女孩起初冷漠地回答小唐。还好小唐机智，在"瘦"字后面又加了一个"小"字，表明自己不是欣赏以前的女孩，这就不会触发眼前女孩的嫉妒之心。随后，他又用"大方、耐看"来夸赞眼前的女孩，这个赞美对比巧妙、幽默立显，女孩自然爱听。可见，赞美要善于观察，才能恰如其分。

此外，赞美时除了要真诚、不夸大，还有留有余地的要求，因为任何事物都很难尽善尽美。

宋朝大诗人、书法家黄庭坚是苏轼的学生。有一天，他写了一首自己非常得意的诗，认真抄写后，拿给苏轼评鉴。

"老师，您看这首诗能得几分？"

"十分。"

黄庭坚和苏轼的关系亦师亦友，二人平时总开玩笑。黄庭坚不信，问："老师此言莫非是想让我高兴？"

"并非虚言，此诗五分诗文，五分书法，当是满分。"

就苏轼的打分来看，黄庭坚的诗作可能不是很好，但是他能认真抄写，可见他对此诗的重视。苏轼也不好泼他冷水，所以用中肯的幽默赞美了他。黄庭坚马上就能明白老师的意思，回去后一定会在诗文和书法上全面提高。

与人交往，有时不得不说一些赞美的话。如果实在不擅长，最好不说。擅长也最好言符其实，又符合对方心意。就像苏轼用幽默赞美黄庭坚，是深知黄庭坚需要自己的评价来促进提高，但是与用直白的方式指出不足相比，用赞美式幽默更容易让他接受。

每个人在他人面前都希望有尊严，所以适当的赞美更有利于让对方接受。要是能再进一步，用幽默含蓄地表达出本意，双方的沟通会更顺畅。

幽默不是冷嘲热讽

在生活中，总有些事物让人不顺眼、不顺心，于是一些人选择加以批评，并在批评的过程中加入幽默元素。若是出于善意还好，要是借幽默冷嘲热讽、发泄不满则不可取，尤其是拿别人的爱好、身体条件、地域等开玩笑，不仅会伤害他人的自尊，还会造成彼此关系的恶化。

鲁迅文学院举办一期文学创作培训班，邀请的名师有梁晓声、邓友梅等人。小森慕名而去，可是梁晓声没来，由一位文艺批评家代替。

办公室的两个作品箱上分别贴着"散文"和"小说"两个标签，学员把作品放进去后，由相应的老师阅读后进行点评。

"这位同学，你的散文写得像小说一样，真有特色。"批评家很轻蔑地对小森说。

"我初学写作，请老师指导。"

"语言太缺少美感，我看你还是改写成短篇小说吧。"

"老师，我只是把作品放错了箱子，但是您应该看出那是篇小小说。"

很显然，点评老师已经看出那篇稿子像小说了，但是他的幽默方式让人无法接受。对于学员来说，这是讽刺挖苦，严重打击了学员的写作热情。批评家的幽默也没彰显其专业能力，反而遭到质疑，影响自己在学员心目中的形象。其效果还不如说"你的作品是小说，这个领域我不擅长"来得好。

对他人身体条件的嘲笑，在生活中十分常见。有时候这种嘲笑会演变成一场争吵，严重伤害彼此的感情。

高柏是一个个子比较矮的男生，喜欢吹嘘，在班上人缘很差。有一次，他跟同学踢毽球，每次成功都要竖起拇指欢呼。

对手小王说："帅气啊！小俊男。"

一起玩的其他同学都笑了。小俊男是一款食品的品牌名，其商标是一个竖起拇指的小男孩。

"稻草人，你说话是用舌头想的吧。"高柏说。

稻草人是动画片《绿野仙踪》里的人物，没有心脏。高柏提起它，是讽刺小王有先天性心脏病。

常言道，相骂无好言。嘲笑他人的身体不足，有时跟谩骂一样，容易引起他人的反唇相讥，甚至肢体冲突，导致彼此关系的决裂。

地域歧视由来已久，有人会用它来批评他人。这种嘲讽本身就是一种偏见，不仅会造成谈话跑题，还会给人留下傲慢的印象。

浴室里，几个中年建筑工人在闲聊，聊到了小时候的艰苦岁月。

老赵问老李："老李，年轻时挖过田鼠洞没有？"

老李说："挖过，连松鼠的都挖过。"

老朱说："别吹牛，松鼠的洞不是在树上吗？"

老李问："老朱，你家哪里的？"

老朱答："辽宁朝阳。"

老李又说道："那个盐碱地啊！老鼠打洞相当于独守空房。"

此时老朱没好气地说："你们盘锦好，就好像全是水稻田似的。"

如果两人再继续交谈，可能谈起盘锦水稻田的分布情况，引起争执的话题会更多。本来是对童年的美好回忆，却争得面红耳赤，最后两人的自尊都被伤害了。

没有人愿意接受批评，更何况是冷嘲热讽。善于社交的人绝对不会采用这种方式，因为他知道人和人交往的前提是尊重。所以，要是你喜欢在交流的过程中运用幽默，应本着善意的态度，并寻找利于对方接受的语言。

郑重场合，运用幽默需谨慎

运用幽默的技巧有很多，但是在郑重场合，经常是无招胜有招。因为如果你在这类场合错用幽默，可能会令自己显得愚蠢至极，甚至付出沉重的代价。

需要我们严肃、认真对待的场合有很多，例如商务谈判、学术交流、法律诉讼等。在这类场合中，别以为幽默会缓和气氛或彰显从容气度，相反，对方很可能会认为你并不重视这次会谈，甚至不愿意跟你交流或合作。

办公室里，两家公司的老板正在洽谈双方的合作事项。在谈到进货渠道时，甲方认为该选择离自己公司近且不知名的供货商，可以节省物流费用。乙方反对，想选择距离虽远，但是有市场影响力的合作伙伴，认为能提高销售量。

甲方说："难道你就不知道什么叫预算成本吗？我们要是投入多，却销路不畅，该怎么办？"

乙方回应："如果我们不能给消费者提供信得过的产品，一旦滞销，降价都挽不回败局。"

"现在我们已经创出了一些知名度，就算质量差点儿，也不会有人深究。"

"创品牌难，毁品牌容易。我们上次制作的篮球鞋大多脱胶，就是你选择的供货商有问题。"

"那次我征求过你的意见了，是你同意的。现在不同意的还是你，你说我该找谁合作？"

乙方一时语塞。甲方的秘书为了缓和气氛，突然插话说："如果我们长时间神情紧张，会成为'石膏像'的。为了大家的健康，何不笑着解决问题呢？"

秘书话刚说完，乙方转身而去。次日，乙方给甲方打电话，说："你的智囊跟饭桶一样，我决定不再跟你合作。"

借助幽默来化解僵局，本无可厚非，但是这位秘书却选错了场合和时机，只会给人留下奇怪的印象。再加上他运用幽默的内容跟解决问题毫无关系，必然会被对方视为庸才，而乙方跟没有良将的公司断绝关系是明智之举。

在上述案例中，我们还要吸取一条教训，就是不要跟开不起玩笑的人运用幽默。一是对方未必能全部理解；二是容易被对方误解，给自己带来麻烦。

小孙生了个胖儿子，在微信上晒娃。同事小张、小王看到后，就谈论起孩子的长相。

"这胖小子脸型像加菲猫，天生富贵样。"小张说。

小王笑而不语。

过了几天，小张去看望小孙。

"小张，你说我的孩子像加菲猫，他看着笨拙吗？"小孙问。

"我是说，孩子很可爱，有富贵相。"

"猫再富贵，也是动物，你瞧不起我，就直说。"

"我要轻视你，何必特意来看你。"

"你不过是好奇孩子的长相，你走吧！"

小张知道一定是小王传的话，却不知小王只记得可笑的前半句。

猫招财，尽人皆知。小张说孩子像加菲猫是夸赞，而且有后半句做补充，可是偏偏遇到一个只能记住前半句的小王。小孙又开不起玩笑，领会错了小张的意思。

遇到不能开玩笑的人，幽默也会变成恶言，结果只能是运用幽默的人自认倒霉。我们要吸取小张的教训，遇到不懂幽默的人，一定要小心言语。

我们的幽默技巧，要是运用时选错了场合、对象、时间，就会失效。因此，必须运用得当，才能成为真正懂幽默的人。

越自然的幽默，铺垫越精巧

写作时离不开铺垫，它能让情节更合理，而且更具有张力。幽默也一样，铺垫越精巧，表达就越自然、高妙。

何谓精巧？最基本的要求是充分。所谓"九层之台，起于累土"，幽默中的铺垫也得一步一步来。如果没有足够的根基，就不能达到预想的高度，也衬托不了最后一层的精美。

小娟去家附近的水果蔬菜超市买菜。

服务员跟她说："今天真是被一个大学生给气炸了。"

"是偷菜，还是偷水果了？"

"都不是，你再猜猜。"

"没给你钱。"

"能不能想得有点新意？"

"我实在是想不出来。"

"唉！我怎么也没想到，那个孩子连旱黄瓜也不认识。你猜他怎么描述的？"

"短点的黄瓜？"

"要这么形容还好。他说不是很长的小青瓜，我怎么也没找到这种蔬菜。"

下面，我们就从这组对话来看表达幽默时铺垫的步骤。

通常来讲，幽默主要由四个步骤组成，依次是制造悬念、渲染、转折、突变。有时候，悬念表现的方式未必是提问。服务员说自己被大学生气炸了，也属于制造悬念，必然会引起小娟的猜想。然后，她不断让小娟猜答案，这是渲染，意在引起小娟的期待。她的转折用得很巧妙，说"要这么形容还好"，是引起听者的心理迁移。深知听者怎么也猜不出答案，她马上说出谜底，这是突变。

想要使幽默自然、高妙，就应该按照步骤，逐步推进，并轻松自如地完成转折和突变。在这个过程中，最忌讳迫不及待。要是服务员对小娟说"我遇见一件十分搞笑的事"，对幽默来讲就是多余的。

一位法国红酒商到美国做生意。有一天，他在集市上大谈喝酒的好处。突然，一位老人从人群中走出来，来到演讲台上，说愿意帮商人推销。

老人站在演讲台上，大声说："刚才这位先生说了红酒的诸多好处，我认为还远远不够。"

红酒商一听这话，马上表示感谢："先生，一看您就是对红酒深有研究，请您说出余下好处。"

老人说："其一，猫遇见喝酒的人，不打扰；其二，喝酒的人筋骨壮，不怕疼；其三，喝酒的人永不衰老。"台下一片掌声，商人无比欢喜。

"请您快说出原因。"听众纷纷要求解释。

老人叹了一口气，说："自从我爱上喝酒以后，养了多年的猫，再也不找我玩了。有一次，我喝多了，爬上葡萄架摘葡萄，摔折腓骨，居然没感觉到疼。这些年，我的心脏病日益严重，恐怕没机会等到衰老了。"听众哄堂大笑，而红酒商早就溜走了。

这位老者讲话丝丝入扣，又层层深入，逐步把听众带入疑惑不解的境地，等他们急于知道答案时，再有条不紊地说明，表明本意。

要是他一开始就表明本意，商人可能不会给他演讲的机会，听众也能从他的反语中，猜出他要说的内容。可是，他先从反向切入，令所有人疑惑不解，最后才用亲身经历给出妙趣横生的解释。这既让听众愉悦，又能让他们从中得到教训，意识到饮酒的巨大危害，更令人深思。

运用幽默切忌操之过急，太早揭开谜底的话，效果只会适得其反。若听众的兴趣没被调动起来，则不易引爆；铺垫不够多、不够精巧，听众没有代入感，幽默就会显得突兀，但是节奏也不能太慢，否则会让听众失去听完的耐心。

用幽默让他人自相矛盾

所谓利用他人的自相矛盾之处，是指在对方说出了一些荒谬的言论时，我们不立刻去纠正，而是按照他的逻辑进行推理，最后使其无言以对。此种技巧通常在两种场景中使用：一种是亲朋好友之间的戏谑，主要是为了不影响彼此之间的感情，并彰显智慧，得到对方的认可；另一种是面对他人带有攻击性的语言时，我们针对对方的荒谬之处，用幽默的方式去还击，让对方知道自己的错误。

在生活中，许多人都有跟亲朋好友争执的经历，原因大多是三观不合。要是直接拒绝会显得不够尊重，默默承受又无比苦恼。此时，可利用对方的自相矛盾之处，让他意识到自己的错误，最后换得相视一笑。

小雷大学毕业后，在抚顺的一家银行做出纳员。工作三年后，他毅然辞职，去北京学习作曲和唱歌。

他奋斗多年，没能成家立业。过年回家，父亲决定跟他好好谈谈。

"小雷啊，当初我就说北京人才济济，你去很可能一无所获，现在也应验了，不如回来考公务员、结婚。"小雷的父亲说。

"行百里者半九十，越难越要坚持。"

"你能坚持，你爸我这老脸可受不了啊。很多人都问我你是不是生理有问题。"

"照他们的逻辑，所有成名晚的艺术家都应该是木头人。"

"现在歌手淘汰得多快啊，你怎么耗得起？再说，那么多优秀的艺术生都考公务员、结婚，你怎么就能毫不在乎呢？"

"老爸，许多强大的人爱吃肉、喝酒，可是您让我减肥，可乐都不许买。"

"儿子，我只是怕你太累。唉，你的事你自己选择吧。"

北漂的大龄青年，过年回家几乎都会遇到上述问题。要是因为几句谬论导致和亲人之间关系紧张，就失去了过年的意义。很显然，小雷的执着跟生理毫无关系。

他就利用他人的逻辑矛盾幽默地让父亲意识到自己的错误。

以优秀人物的选择为价值取向更是谬论，因为人的兴趣和爱好不同，就算是强者的选择，在他人面前也可能一文不值。小雷用减肥来反驳，不仅彰显幽默感和理性，还成功转移了话题。我们以这种方式让对方去加以体会，对方对自己的错误之处就会有更深刻的认识。

下面我们来看看如何应对攻击性的谬论。

两个青年坐在一起聊天。

青年甲说："《长恨歌》的作者是白居易。"

青年乙轻视地说："真没有文化。《长恨歌》写的是杨贵妃的故事，一定是杜甫写的。"

"你考试时敢不敢这么答题？"

"当然，杜甫的诗被称为'诗史'，错不了。"

"按照你的推理，《过秦论》的作者应该是司马迁。"

青年乙自认为是在攻击别人的文化水平，可他的推论显然是荒谬的。青年甲没有马上反击，而是就着乙的谬论继续进行幽默推理。大家都知道，司马迁是史学家，而且《过秦论》也不是他的作品。

利用他人的自相矛盾之处，再加上巧妙的幽默，可以后发制人，而且不会造成剑拔弩张的紧张局面，有利于对方去反思自己的荒谬无知。

幽默要适度

任何事情都有一个度，幽默也不例外。我们要是能用最简洁、最含蓄的语言幽默地表明意图、实现目的，就不会因冗长和过度让听众生厌。但是，这个度不能只靠语言来把控，还要用心观察实际情况，才能把握得合适。

近年来，北京市雾霾严重。有一次，市长来到雾霾指数相对高的大兴区，那天却晴空万里。

市长走下专车，微笑着对欢迎他的区领导和民众说："我知道你们最需要的就是洁净的空气，现在上天给我做了示范，这就是我来这儿的主要意义。"

在来大兴区之前，市长准备了一份冗长的演讲稿，罗列了对该区污染治理的许多事项。但当他看到当天大兴的天空时，深知这才是民众心中期待的环境，所以用"示范"一词取代了所有事项，说得简单而且幽默。这样一来，他不仅节省了演讲的时间，还拉近了自己和民众的距离。

生活中，我们会遇到一些爱自我吹嘘的人。有时候我们忍无可忍，用过度的语言引来了没有必要的争吵，反而不如运用幽默一笑而过。

一位歌手见到自己的同学后，问："兄弟，最近在哪儿发财？"

"还不是到处演出，入不敷出。你呢？"

"我跟上海的一家唱片公司签约了，年薪100万，还送台奥迪汽车。"

"怎么做到的？"

"陶喆在上海开演唱会，找我当伴唱，恰巧被唱片公司的老板发现。"

"陶喆演唱会？小崔说，那天你跟别人打篮球，被撞成独臂神尼了。"

这位同学的幽默就属于过度，虽然他知道歌手是在吹嘘，而且能够找到谎言中的漏洞，但是实在没必要揭穿，甚至进行嘲讽。要是非得揭穿，他也可以运用适度的幽默让对方知道。例如问，陶喆的演唱会是不是在体育场举办的？对方自然会停止吹嘘。

大家在亲朋好友面前大多比较随意，但是运用幽默时也要慎重。在说一些会让对方产生不好的联想的玩笑时，最好拿自身的经历来举例，这更有利于对方接受。

"大威就是瞧不起我们这些穷哥们，身边的朋友也狂傲，一起吃饭没一个跟我说话的。"阿远跟大伟说。

"他结婚你迟到，才不得以安排你去那桌，他们不跟你说话很正常。"

"大家都是中国人，怎么还对不了话了？"

"兄弟，真不像你想的那样，我给你说说我的经历。去年我办画展，找个司机朋友帮出车，给他买了两条玉溪，不算轻视他吧？"

"不算。"

"我请画家朋友吃饭时，那位司机朋友自己到场，说我觉得他上不了台面。"

"他不懂美术，不应该来。"

"我说大家在谈画展的事，也没什么能跟你交流的啊。他说，怎么就不能谈，我能出车。"

"大伟，是我错了。"

大伟没有跟阿远讲大道理，而是把自己的故事幽默地讲给阿远听，让对方在体会的时候就能意识到自己的错误。这个幽默的度就掌握得非常好，而且比说教的效果要好得多。

掌握了幽默的度，才能更好地运用智慧和语言，还能展示从容、宽容的气度，使听者感到轻松愉快。

委婉含蓄更见幽默

幽默要求含蓄隐蔽，就实际情况来看，直截了当的表达方式也很难达到幽默的效果。例如，文章中的直抒胸臆，大多是抒情；商场中的简单直接，通常是指派别人做事。

幽默的深意通常是含而不露的，对方领悟得越多，效果就越好，所以拐弯抹角比一览无余有效。尤其是在一些社交场合，为了维护他人的面子，需要使用暗示性的语言，这时运用幽默会比较好。

有人会问，怎么运用幽默才算高出一筹呢？检验的标准就是面对不满意的人，能用曲折暗示的幽默，起到警告的作用。

李成是一家建筑公司的制图员，为人善良。新来的会计没租到房子，他让会计跟自己同住。这个会计蹭吃蹭喝，还借钱。这些李成都能容忍，就是不能容忍他的邋遢。

会计洗完脚后，不洗袜子，几次让李成代劳。五月份，房间里都是臭味。李成开始大清扫，会计却在玩手机。李成强压着心中的怒火说："天暖了，我的宠物蛇也得蜕皮，还好不是一天一次，收拾起来不麻烦。"

"它蜕皮是不是就会长大一些？"

"是啊！到时候我的小房间可就装不下它了，得放它出来遛遛。"李成指着装蛇的铁笼。

"那就换个大的笼子啊。"

"我必然要换，可是它只能挨着你睡觉了。"

"我明天就去租房子，拜托你别把它放出来。"

李成好心，却遭遇贪得无厌的人，怎能不气愤。可是他没有赶人，而是用蛇蜕皮的幽默来暗示会计每天都不洗袜子，令人厌烦。见会计没听明白，他接着说自己的房间小，这是暗指两人住一个房间有些拥挤。如果还不明白，就只能让你与蛇共眠了，这又是一种幽默的暗示。

我们未必都会遇到像这个会计一样的人，但是对待他人时也应含蓄幽默，才能达到效果。

明代大书法家文征明，多次参加科考全都落榜，50多岁才得人推荐做翰林院待诏。朝中权臣对他多有轻视。

有一天，文征明穿布衣去见一位年事已高的重臣。该大臣认为文征明的穿着对自己不够尊重，想要奚落他一番。

"文先生入朝也有一年多了吧？"

"是的。"

"穿着还是如此朴素，跟你的半生一样，毫无起色。"

"我与大人是天壤之别，您一生显赫，今着装如渔歌唱晚。"

这位重臣小题大做，想要借文征明的布衣来挖苦他，这正显出他的自大和卑劣。他抓住了文征明参加科考屡次失败的事实，并用"半生"的字眼来加强嘲讽的力度。文征明则用重臣的一生和自己做对比，说他如渔歌唱晚般辉煌，虽然表面听着好，但是夕阳晚照也让人感伤。这对重臣是幽默且强有力的回击。

上述案例所讲述的是如何用幽默回击对方。下面我们再来看看，如何拐弯抹角地解决自己的问题。

著名导演王潮歌执导过很多舞台剧，如《印象大红袍》《印象刘三姐》《印象西湖》等。

在某综艺节目上，主持人问："王导，你执导了这么多舞台剧，酬劳是多少？"

"这是商业秘密啊。我就说我酬劳最少的剧目可以吗？"

"可以。"

"《秦始皇》这部剧，我就要了1元酬劳。"

"为什么啊？"

"给祖先出力，没自己买水喝就不错了。"

王潮歌委婉地拒绝了主持人的提问，并说出了自己对传统文化的热爱，一定会引起观众的共鸣。这种一举两得的委婉方式更是我们该借鉴的。

委婉含蓄固然好，但是我们使用时切忌太过迂回绕远，否则不利于听者快速明白我们的意图，甚至还可能造成曲解，影响解决问题的速度。

借助热点，让幽默成共鸣

将幽默和热点相结合的方式，在相声和小品中十分常见。这是因为热门词或热门事件被人们所熟知，能更快调动人们的参与感，引起共鸣。

在结合的过程中，我们要注重两点：一是观点要新；二是手法要多变。只有新颖多变的事物，才更容易得到关注。

著名学者李建军倡导民族精神，常给学生讲述《亮剑》《勇敢的心》。有一次，他讲亮剑精神。一位来自香港的学生说："我是一个女孩，才不喜欢这些枪林弹雨的东西，我就在乎自己的小确幸。"

"你认为口袋里有钱、跟想念的人通电话、想买的东西打特价，此类小幸福离得开民族吗？"

"为什么不能？"

"香港沦陷时，钱没有面包昂贵，电话线被炸断，特价产品只有房子，所有的小确幸都很不幸。香港回归祖国后，人民从未遭受战争。"

台下响起经久不衰的掌声。

当下，许多年轻人追求"小确幸"，如在咖啡店看书、喝咖啡，花时间给女友亲手制作礼物等。这些快乐的前提就是平安，它需要一个强大的国家做保障。李建军的观点不仅新、准确，还结合了幽默，既能引大家发笑，又能调动大家的爱国情感，必将引起强烈的共鸣。

同样的热点事件由不同的人讲述，会产生不同的关注度。造成这种差距的主要原因就是演讲手法不同。下面我们就来看看，他人是怎么借助热点的。

在2018年年初发生了许多让人气愤的事情，如高级教师堵高铁门；一妇女怒摔别人走丢的小狗；有人为了赶火车，居然拨打110等。

微信上有文章这样写：有些人自以为是万物的中心，天体、草木、人都得围着他转。他说，停车，就把车门堵上了；要养狗，就扣住别人走失的宠物；要有座，就给不让座的女孩一巴掌。

我们来看堵高铁门事件的详情：合肥高铁站，一列高铁马上就要出发了，一妇女以等老公为名，用双手扒住车门，阻碍了高铁发车。据调查，该妇女还是一名高级教师，经常在其居住的小区内上演为家人拦电梯的"绝技"，对邻居的愤怒不以为然。

《辽沈晚报》有文章报道此事，题目为《拦高铁、堵电梯，巨婴父母为哪般？》。所用的照片是：妇女用手扒住车门，后面站着她的女儿。引言为：一想到为人父母可免考，就觉得很可怕。结论是：这是开年最"感人"的爱情故事，我为你手撕高铁，你不来，我不走。全国人民都很"感动"，只有动车和孩子不敢动。

微信上的文章借用盘古开天辟地的故事，描述了一些自私、无耻的行为，这样的正反对比尽显幽默。《辽沈晚报》的文章所采用的手法则更多，有引言、照片、反语，且立足于教育子女这个热门话题，想不被关注都难。

看到上述文字，有人会问是观点重要，还是表达方式重要？切记观点是灵魂，但是用幽默来包装，影响会更加广泛。

幽默高手能随意成趣

说到随意成趣，有人马上会想到举重若轻。的确，幽默中的随意需要内涵和技巧做支撑，但是最关键的是自然与和谐。

什么是自然？一是能够就地取材，例如看到街边的广告牌，能将它当成幽默的素材。二是对方能快速理解你说的内容，并有所联想。和谐则是指能够消除误会，并能够使人发笑。下面我们先来看看，如何做到自然。

小范和大海一起逛街。二人走过母校沈阳音乐学院，看到一位扛着电子琴的女孩。此时，一阵强风吹过来。女孩只有放下电子琴，站在那等风小一些。

"她真应该雇佣我这样的书童，帮她打理生活。"小范说。

"你该怎么跟人家介绍自己啊？"

"你好，我叫理书童（李叔同）。"

"哈哈，弘一大师啊！怎么还把姓改了？"

"这只是我的外号，小李广姓花。"

小范看到扛琴的女孩就能找到幽默元素，这就是就地取材。从理解的层面看，大海是小范的大学同学，自然知道音乐大师李叔同，马上就能从中找到乐趣，并发现如此一来，小范改姓了，这又促使小范制造了新的幽默。

和谐比自然有更高的要求，因为有时要面对对立面，想通过幽默和对方实现统一，需花费更多的心思。

老杨一直想要儿子小文生二胎，几次动员都失败了。于是他想出一招，以打扑克游戏斗地主的方式，证明二胎比独苗好。

"小文，斗地主是两个农民斗一个地主，地主很被动啊。"老杨说。

"我认为地主被不被动取决于牌好不好，抢地主。"

老杨和朋友老段把地主让给小文。

"3张3。"小文出牌。

"会不会玩？别人都是三带一。"老杨说。

"我觉得一家三口也挺好。"

"4个6，炸了。你爸就是要用现实告诉你，双数就是比单数强。"

"4个7，回炸。"

"老段你倒是给点力啊。"老杨没有炸了。

"我什么也没有啊，老杨。"

"你继续出。"

"8到A，你们要得起吗？"

"你这都顶天龙了，谁能要得起。"老杨很无奈。

"一个孩子一条龙，再来一个顶天龙，剩一张。"

"老杨输了。"老段说。

"爸，你看一个好吧。你儿子就是个普通的中医。在北京供孩子念书、买房、结婚就是顶天龙，我是真承受不起两条啊。"

"小文啊，二胎的事咱们从长计议吧。"

牌局如生活，要是我们没有足够的实力，很难应对一系列的问题。小文在打牌的过程中穿插幽默，纠正了父亲的偏见，同时摆明事实，获得了父亲的理解。以后他们彼此就不会因为此事再发生分歧，这就是和谐。

随意成趣的幽默技巧除了能用于人际交往，还可以用于经商。例如，一家网咖新增设了书店，取名为"天下藏书"。这个名字和游戏中获取秘籍的情节正好相符，因此听起来自然和谐。

幽默中的随意用于朋友，可增添乐趣；用于与自己有分歧的人，可以平息即将到来的风波；用于商场，可转化成商机。我们应寻找更多的应用场景，使其发挥更大的作用。

突破常规，制造幽默

如果幽默的内容都在别人的意料之中，效果就会大打折扣。这就要求我们突破常规，把不符合逻辑的事情联系在一起，通过出乎意料来制造幽默。国内外此类故事有很多，如《刻舟求剑》《买椟还珠》《老头子做的事总是对的》《皇帝的新衣》等，它们都是大家耳熟能详的故事，给我们带来了乐趣，讲述了深刻的道理。

但是，突破常规也不是胡编乱造，要兼顾合理性、关联性、可能性，才会更符合听众的要求。下面我们就来看看，具体怎么做才能在幽默中突破常规。

合理性

有些事我们认为合理，其实不过是因为许多人都那样做而已。要是我们反其道而行，并且取得成功，也会得到认可，同时制造出令人捧腹的幽默。

儿时，邻居家的孩子大新和海明经常玩摔跤。大新高大，海明瘦小，每次都是海明被摔倒在地。

可是海明有屡败屡战的勇气。一天，二人又开始摔跤。海明竟然自己主动跌倒，然后给前倾的大新来了一招"兔子蹬鹰"。大新摔倒在地。

海明站起来，说："这回我看你怎么把我摔倒。"

海明的招式可谓突破常规，但是细想十分合理，而且巧妙。他利用大新向前的力，将其摔倒在地，属于借力打力。最幽默的是他的语言。自己跌倒的人，的确不能被别人摔倒，这话讲得还颇具哲理性，令人忍俊不禁。

关联性

事物是普遍联系的，这是客观事实，但是有些事物之间联系紧密，而有些事物之间差异巨大，很难让人想到关联性。幽默正是在差异大的事物之间找出关联性，以此来说明道理。

小峰和大牛正在打台球。小峰突然问大牛："你说是台球难，还是乒乓球难？"

大牛想了一会儿说："乒乓球。"

"为什么？"

"打台球时用于思考的时间长，而打乒乓球时思考的时间太短。"

"我觉得台球总得缜密思考，所以更难。"

"事实并非如此，欧阳锋最怕打狗棍。"

大牛幽默地把话题从球类转移到武术，看似关联性不强，却阐明了一个道理——爱动脑的人最怕没有思考的机会。我们出现的许多错误都是时间仓促造成的。大牛得出的结论可以说是有理有据，思想性十分突出。

可能性

人们常说，无巧不成书。有些幽默讲的就是，什么事情都有可能发生。下面我们就来看一个预言成真的故事。

志刚的酒量不算小，能喝一瓶二锅头。可是，他去云南旅游前，同事大飞说："你到神话天堂必然会醉。"

"到香格里拉我就喝一杯祛祛寒气，醉不了。"

"多保重。"

旅行团刚到了丽江古镇，新闻就报道了鲁甸地震的消息。行程中的玉龙雪山之旅被取消，旅行团直奔虎跳峡。两个小时的徒步行走，让志刚疲惫不堪。

随后，他们来到香格里拉的一个骑马场，天降小雨，异常的寒冷，马背上的志刚冻得直打喷嚏。晚上，旅行团去土司家就餐，看歌舞。

"这里的九月跟冬天一样冷，今天我要喝三杯酒。"志刚和同去的好友说。

52度的青稞酒再加上高原反应，志刚醉倒了。

志刚的遭遇被大飞言中了，事情本身就很具幽默感。造成这一结果的根本原因是极难遇到的：因遭遇地震改行程，志刚没有得到休息，玩得疲惫，又遇冷雨。而且说好的一杯，变成三杯，怎么可能不醉？

他的经历也和歌曲《坐上火车去拉萨》中的歌词巧合："喝下那最香浓的青稞酒呀，醉在神话天堂。"

有些事，换个思维模式去思考合理性、关联性、可能性，幽默效果更强烈，还能增加我们对不同观点、偶然事件的包容度。

Chapter 04

学会方法，
提升幽默效果

想要提升幽默效果，不学会方法是不行的。何为方法？无声胜有声、一语多义、夸张等都是。有效地运用方法，我们可以用最少的语言取得最佳的效果，对许多问题避实就虚，让自己的幽默更具吸引力。下面就让我们来看看具体的方法吧。

巧用关联：风马牛可相及

风马牛可相及是指把两种或多种毫无联系甚至完全相反的东西放在一起，进行比对，借助彼此之间的不协调性，产生强烈的幽默意味。

我们小的时候，父母就教会我们如何给事物分类。例如，将飞机、汽车、轮船、地瓜进行分类时，因为地瓜不是交通工具，所以可以单独列为一类。这从科学的角度讲叫严谨，从幽默的角度来看则很无趣。

想让类比产生幽默的效果，我们就要打破科学上的思维方式，把事物进行"不伦不类"的组合。其实，类比是制造幽默的常用方法，具有操作简单、应用广泛的优势。下面我们就来看看，在哪些场景中可运用类比来制造幽默。

丘吉尔有一个习惯，就是工作之余会洗澡，然后裸着身体在浴室里一边踱步，一边思考问题。

二战期间，丘吉尔来到白宫寻求军事援助。等待之余，他在浴室里洗澡，踱步。这时，有人敲门。

"请进。"丘吉尔大声说。

门一打开，出现在门口的是罗斯福。他见丘吉尔一丝不挂，转身想退出去。

"进来吧，总统先生，英国的首相没有任何东西要对美国的总统隐瞒。"

罗斯福大笑，随后给予英国全面的军事援助。

在如此尴尬的时刻，丘吉尔居然把赤身裸体和国家机密放在一起类比。二者虽然不太搭调，但他的幽默让罗斯福看到了自己的坦诚，从而赢得了美国的帮助。

上述的例子是用类比性的幽默来寻求帮助。我们还可以用这样的幽默去拒绝别人的要求，同时让他意识到自己的荒谬。

一家小物流公司的分拣员患了重感冒，不能上班。老板只能让快递员临时顶替，可是快递员的工作效率十分低。

　　"就这么简单一个活儿，你这么慢，到底是什么原因？"

　　"隔行如隔山。"

　　"这个分拣的活儿，识字就能干，哪来的隔行？"

　　"老板，我就相当于骑兵，不是不能搬砖头，但是无法体现速度优势。"

　　快递员幽默地说自己相当于骑兵，正是把毫无联系的两件事放在了一起，但是二者有相似之处，就是速度优势大多体现在驾驭上。让骑兵搬砖，并非不能，但的确很难快过工兵。快递员代替分拣员也是同理。老板从这种类比中能意识到自己决定的失误，从而不再挑剔快递员。

　　类比的幽默虽然看似简单，但是面对一些人，没有智慧和勇气的话，很难将之运用得当。

　　一家家电公司的喷码机没有墨了，老板叫员工去购买，却没给他钱。员工问："老板，没有钱怎么买？"

　　老板说："诸葛亮几乎没有兵，还有胆识唱空城计，我就想看看你的本事。"

　　过了一会儿，员工空手而归。老板大怒，说："你这会影响发货！"

　　员工很平静地说："用有墨的笔写字，这谁都能做到。用没墨的笔写字，我想看看谁有马良那样的本事。"

　　将不花钱买墨和无墨写字一类比，二者之间的矛盾针锋相对，顿生幽默。老板用空城计做类比，与现实情况毫无可比性，只能在员工面前搬起石头砸自己的脚。

　　这就是类比的幽默，把一些彼此不相关联的事情放在一起，形成鲜明对比，妙趣横生。面对不同的场景，我们还可以交叉运用几种类比的幽默，以实现自己的目的。

身体语言：此时无声胜有声

心理学家研究发现，人们在交流的过程中，表情和动作传达的信息量可占55%。幽默作为语言艺术，身体语言在其中也有举足轻重的作用。我们与他人交流时，即使不说话，也能通过身体语言产生幽默的效果，并让对方了解自己的内心。我们在影视剧中经常看到演员利用身体语言来代替台词，制造出令人发笑的效果。

小说《老残游记》中，有一段描述艺人白妞出场时的眼神，概括如下：她轻敲两下鼓，才抬头向台下顾盼。那双眼睛如白水银中养着的两丸黑水银，就连最远的观众都觉得她看见自己了。坐得近的，更不必提。就这一眼，四下俱寂，比皇上上朝还安静。

如果白妞大声对观众说"请大家安静"，都未必能达到这样的效果，这就是肢体语言中眼神的巨大作用。要是她采用幽默的肢体动作，如用手指挡住嘴，报以歉意的微笑，也能使观众安静。

下面我们一起来看看其他身体语言在幽默中所能代表的含义。

头部

头部端正：表示严肃、正派、自信、有精神。

头部向前：表示关注，愿意倾听。

头部向后：表示惊恐、犹豫，想要逃避。

头部向上：表示期望、沉思、谦逊或内疚。

点头：表示答应、理解和赞同。

摆头：表示否定和催促离开。

眉毛

皱眉：表示愤怒、苦恼、不同意。

扬眉：表示快乐。

眉毛先起后落：表示惊讶、悲伤、轻蔑。

嘴

嘴唇半开：表示惊讶、疑问、好奇、话没有说完。

嘴唇全开：表示惊骇。

嘴唇闭拢：表示安静、自然。

嘴角向上：表示礼貌、喜悦、有善意。

嘴角向下：表示无可奈何、痛苦、悲伤。

撇嘴：表示不满意、愤怒。

咬嘴唇：表示对抗、下决心。

手势

抬手：表示要引起对方重视或自己要讲话。

推手：表示抗拒或否定。

招手：表示欢迎、打招呼。

挥手：表示离别、再会。

摆手：表示不欢迎、不同意。

手心向上：表示积极肯定、坦白真诚。

手心向下：表示贬低、反对、抑制。

紧握双拳：表示决定、提出警告。

竖起拇指：表示表扬、自我肯定。

伸出小指：表示轻蔑、挖苦。

伸出食指：表示命令、训示、指导。

双手挥舞：表示召唤、呼吁、感情兴奋、气势宏大等。

我们不仅可以用手势来辅助表达和加强语气，还可以用手势代替语言。例如，摆出"6"的手势连晃三下，能代表自己对对方的夸赞。

组合动作

双臂交叉，拇指上翘：表示悠然自得或冷漠旁观。

双臂夹紧，双手紧握：表示紧张、缺乏自信。

眉毛上扬，头部轻摆：表示惊讶、难以置信。

拍头，张嘴：表示后悔不已，自我谴责。

耸肩，摊手：表示无谓或无奈。

在综艺节目《欢乐喜剧人》中，著名笑星贾冰扮演一名乡村教师。他教前来讲课的几位大学生怎么把《咏鹅》念得声情并茂，惟妙惟肖，受孩子喜爱。

他大声读了一个鹅字，然后嘴唇半开，舌头微微动了两下。

"老师，你这表达什么意思？"一位大学生问。

"重读一声鹅，两个轻声鹅，表示大鹅带领着小鹅。"

贾冰的动作和解释很幽默，令观众大笑不止。我们也可以采用这种方式，让肢体语言无声胜有声。

禁忌

（1）忌恶俗：不要做侮辱性的手势，也不要卑微如乞讨，那样会严重损害自身形象。

（2）忌杂乱：不能表情达意的动作不要做。例如，搓手、挠头、轻拍桌子等，会让人觉得不沉稳。

（3）忌泛滥：适当地运用一些身体语言是必要的，但是不能太多。例如，双手不停地比划、咬嘴唇等，会显得不够尊重听者。

在运用以上身体语言的时候，我们还要做到使之与时间、地点、人物相适合。这样才能让听者更快明白幽默的内容，从中获得快乐；才能让身体动作与语言巧妙结合，丰富幽默的招式。

逆风而起：锐化你的语言

幽默中的逆风而起是指接过对方的话题，好像要认可，却突然逆袭，把对方不想接受的言论用演绎的方式强加给他。

这个方法好像违背了幽默要含蓄内敛的要求，但是在特殊情况下，不仅要反击，还要锐化你的语言。尤其是有些卑劣的人，当你对他和颜悦色、语气温和时，他不会觉得你有涵养，而是认为你软弱无能，反而更加嚣张地对你进行语言攻击。面对这种情况，可采用幽默来以牙还牙、以眼还眼，把对方说到哑口无言。

盛夏，一家公司在搬家。搬家公司的几位搬运工累得汗流浃背。其中一个搬运工跟看堆的职员说："小兄弟，麻烦你跟老板说，给我们买几瓶水。"

此时，贵重的东西都已经装到车上了。那个职员便上楼找老板。

"老板，搬运工让我们买几瓶水。"

"干活的人，天生汗多，流不干。"老板很鄙视地说。

就在这时，一个搬运工扛着箱子上来。

"我们干活的人是汗多，就像你们当老板的人钱多，但是也总有用尽的时候。"

搬运工的幽默很有戏剧性。一开始他认同了老板的观点，并且夸奖老板的富足，可是话锋一转，就将矛头指向了老板。话中的意思是，我们很累，你作为雇主应该给大家买水解渴、解乏。搬运工面对鄙视，没有暴怒，而是找到了老板舍不得花钱的痛点，绵里藏针地进行反击。

有时候，绵里藏针也很难阻止他人的嘲讽，不妨用快速直击的幽默去反驳，使对方收回自己的话。

大作家杰克·伦敦因为住过贫民窟，又偷过别人的东西，经常遭到其他一些作家的无礼攻击。在一次文学沙龙上，一位军旅作家对他说："去年我在北美发现一个岛，这个岛上居然没有盗贼和狗。"

杰克·伦敦瞥了他一眼，很平静地说："有机会，你给我导航，这岛上就什么也不缺了。"

军旅作家把盗贼和狗并列，是对杰克·伦敦的一种侮辱。杰克接过话题后，马上以同样的幽默方式反击，把对方比喻为导盲犬。话题是对方提出的，要是他想否定，只能收回自己说的话，可这是不可能的。

还有一种人，与他人没有利益冲突，也没有成见，就是喜欢评论或挑剔对方。面对这种人，我们也可以运用幽默来让他意识到自己的偏见。

大画家徐渭6岁时读书过目不忘，10岁仿扬雄《解嘲》作长文，被称为神童。

一位文学家去徐渭家做客，向徐渭提问，徐渭对答如流。

"古有方仲永，年幼时聪明，长大后却泯然众人。"文学家说。

"看来你幼年时也挺优秀。"徐渭回应。

徐渭反应如此之快，且又蓦地驳得文学家无言以对，可谓锋芒毕露，但是我们使用这样的幽默时要有所收敛，毕竟对方没有恶意。此外，徐渭当时是童言无忌，大家不可盲目模仿。

在逆风而起的时候，我们要抓住对方比喻、借代、结论中的有误之处，并反转过来，幽默地硬塞回给他，让他自取其辱，无法推辞。

对比反衬：下一秒戏剧化

俗话说："不见高大，不知矮小。"一切事物就怕做比较，对比能让我们在正常中发现离奇，平凡中发现特色，统一中看到差异。世界就像一个大舞台，正是因为有性格不同的人来演绎，才有那么多独一无二的幽默，让我们发出会心的微笑。

篮球巨星巴克利和乔丹一起参加访谈节目。主持人问巴克利："你和乔丹是什么时候认识的？他为什么会把你当成好友？"

"我们是一起备战奥运会时认识的。其他球员总烦他，可是我从来都不。"

"为什么？"

"他有自己的事要做，我也一样。"

"就这么一个原因？"

"不，别人都说他帅，球打得好。纯属扯蛋，我觉得他一点都不帅。"

"你觉得你们的球技谁好？"

"我就是地球上篮球打得最好的。"

"乔丹呢？"

"他是外星人。"

许多人都知道乔丹的绰号"外星人"，但很少有人知道它来自幽默的巴克利。以上问题，要是主持人问幽默感不强的"魔术师"约翰逊，可能回答中并不会出现如此强烈的对比。在对比中，我们充分感受到了巴克利的真诚、睿智和幽默。我们再从整段对话的顺序上看，巴克利先抑后扬，才会让幽默感如此强烈。

李逵是位机智勇猛的士兵，在许多战役中立下奇功，被提升为副将。

一次，主帅命令他打入敌方内部做卧底。他装成菜贩混进敌军大营，探得敌军的进攻日期后，把准备好的泻药倒入将士取水的水井中。

敌军不久后就上吐下泻。他们下马休息时，遭到对方的伏击和追杀，伤亡惨重。

李遂得到嘉奖。与他一起参军的同乡跟别人说："我和李遂小时候最爱和稀泥，他当卧底是最佳人选。"

多年以后，李遂率领的前军战败，他被俘虏。敌方严刑拷打，李遂只能说出重要的军事秘密，导致中军的溃败。他的同乡跟别人说："李遂从小就爱和稀泥，不成叛徒才怪。"

同一个人、同一性质的事，因为带来的结果不同，居然得到了两种评价，且论据都是和稀泥。前一次是据此说李遂善于渗透，适合做卧底；后一次则是据此说李遂分不清敌我，必然叛变。这是一种非常巧妙的对比幽默。

将不同的人、不同的事放在一起做对比能产生幽默。而同一件事，因为采用的方式不同而形成对比，也能产生幽默。例如，张果老倒骑驴，过一座拱桥的时候，几次跌下驴背。他于是大骂："这是天下设计最差的桥。"几日后，他牵驴走上此桥，远眺远方的风景，说："这桥的高度堪称完美。"

对比就是在人们心理上制造落差。这种落差既在情理之中，又看似荒诞。因此，我们在感受幽默的同时，也会有不同的领悟。

制造歧义：巧妙曲解显幽默

幽默中所运用的歧义包括两个方面：一是故意对一些词语、句子做曲解，从而产生笑料；二是我们为了自己的目的，转换了别人的意思。

我国语言的用词、造句方法灵活多样，有时候理解错误也会产生一些笑料。下面我们就一起来看看具体的例子。

小雨大学毕业后，到一家唱片公司做文案工作。他第三天写出的新闻稿，让老板既生气，又想笑。

他是这样写的："全新超值大碟，再创歌坛熊市。"

"你怎么连熊市和牛市也分不清？"老板大声斥责。

"我看熊天平的专辑上写的'熊心万丈'，以为熊市是指数很高的意思。"

"那是因为他姓熊，'雄心万丈'那是'英雄'的'雄'。"

"熊心万丈"只是熊天平利用谐音来取的专辑名，就像王菲用"菲比寻常"给专辑冠名一样。小雨只从字面意思来理解成语，才会贻笑大方。类似的事情有很多，是制造幽默的很好的素材。

转换别人的意思，主要是指变换谈话的主题。我们都会遇到一些严肃的问题，要是一本正经地回答，会让气氛变得尴尬，不如将说话人的真意弃之不顾，巧用幽默实现软着陆。

有个青年作家对某晚报社的总编说："我写了一首赞颂母亲的诗歌，希望发表在贵报上。"

总编看过稿子后，说："现在已经过了母亲节，你的稿子送得太晚了。"

作家回答："所以我才来晚报投稿。"

在这里，总编的真正意思是，你的稿子不合时宜。作家当然知道，但是他置之不理，借用"晚报"一词的表面意思，很机智地幽默了一把，也许会为稿子的发表赢得新的机会。

每个人说话都有前提条件，但有人会把一些前提省略，以制造幽默的效果。这种幽默方式不是要毫无顾忌地删减，而是要使话语符合逻辑，且对自己有利。

房客对房东说："你的房子没有网、也没有有线电视，我实在无法忍受了。"

房东反驳说："你给的是清水房的租金，难道还想喝杯红酒？"

这个转移堪称精湛，房客的意思是，在这个全媒体时代，他上不了网、看不了电视，实在难以忍受。房东明白他的意思，却把话题幽默地转移到清水和红酒上，以此告诉房客他的挑剔是无理的。

在运用上述幽默方法之前，你要具备辨别真义和表义的能力，才能把幽默用得恰到好处。如果有人强求于你或过分挑剔，你也可以把话题转移到清水和红酒上，给他讲一分钱一分货的道理。

制造歧义可预防交谈双方出现情绪波动，同时带来欢乐的氛围。生活中，如果我们跟他人产生矛盾，也可用此法来加以解决。

悬念：有种幽默叫意外

擅长运用幽默的人，大多能把事情讲得曲折生动，就是因为他知道该在何时何处设置悬念，最后实现柳暗花明又一村的效果。

小杨跟工友讲述小宋坐飞机的经历。

"小宋这辈子最大的理想就是飞上天，可是上飞机不到20分钟就被赶下来了。"

"什么原因啊？"

"违反纪律。"

"给人小桌板掰下来了？"

"不是，是占座。"

"他是怎么想的？"

"不知道谁告诉他，坐飞机跟坐公交车一样得占座，他信了。"

"就算占座也不至于被赶下来啊。"

"乘客让他让座他不让，还让人家出示机票。"

"那就让他看呗。"

"关键是那个人没有票，还不断催促他让座。"

"发生口角了？"

"没有。那个乘客说：'你不让，你会开飞机啊？'"

"原来是驾驶员的座啊。"

在故事的一开始，小杨就设置了一个大大的悬念，让听者感到十分吃惊，从而将情节带入到反问的环节。接着，小杨说原因是占座，这个答案既让人觉得可笑，又急于知道小宋的想法。可是，占座的严重性还不至于被赶下飞机，这就又设置了一个悬念。最后，小杨幽默地给出答案，原来是影响了驾驶员驾驶。这样的讲述方式要比平铺直叙更有趣、更显智慧。

设置悬念一定要新颖、精巧，每一个转折处都能引发新的猜想，最后要用十分幽默的语言道破玄机，否则会给人虎头蛇尾的感觉。

有人问，我没有小杨那么新颖的故事，要用什么设置悬念？其实，用知识和深邃的思想都可以。这样的幽默雅而不俗，能够表现出自己的学识和智慧。

初中同学二十年聚会。小高问大聪："分别这么多年，你过得怎么样？"

"挺难的，就像打了一场缅甸战役。"

"怎么能这么形容呢？"

"我前几年去北京了。"

"在那里生活有这么难吗？"

"唉！一言难尽。房子涨价跟日本兵集结似的；就业压力如突围；好不容易租到房子，担心指数跟防空袭一样。"

"北京住房和租房的形势我有所了解，至于就业，别人都说那里就业岗位很多，你找工作应该不难啊。"

"许多公司都限制年龄。我33岁时，就得争取破格录取了。"

"那就回家乡发展啊。"

"要是去年不回家乡，可能还不像缅甸战役。"

"这又是什么情况啊？"

"杜聿明败走野人山。"

"讲讲。"

"杜聿明带领一个军的兵力，从野人山撤退回国。本以为有手枪、手雷，无惧那里的恶劣环境，结果损失更加惨重。"

"真有这么厉害的地方？"

"诸葛亮七擒孟获的地方。"

"小地方做事靠人脉，喝酒、抽烟的，也够你受的。下一步有什么打算？"

"既然两地都有难处，我不能埋没才华。"大聪笑着说。

大聪说的问题是许多人的问题，但是他利用历史知识做了很有吸引力的幽默比喻，而且形象、准确，令人发笑。尤其是说到野人山的环境时，他还引出诸葛亮七擒孟获的故事。这种幽默的语言把知识和睿智融为一体，能引起他人的深思。此外，切忌用身体语言的变化过早暗示结果，否则相当于剧透，会让幽默失去原有的效果。

在幽默中设置悬念不是故作玄虚，而是丰富话语的层次和内涵，要是再能抓住听者的兴趣点，在社交中将如鱼得水。

夸张：何必在意精确

夸张是对事物形象、特征、作用、程度等，进行夸大或缩小的描述，虽不精确，可是不失真实性和合理性，还能制造幽默的效果。

先说形象。卓别林的形象特征是特大的皮鞋、紧身的晚礼服、小胡子、八字脚。赵本山的形象特征是歪戴破帽子，瘪着嘴，挤眉弄眼，表情一惊一乍，遇到超出想象的事会突然摔倒在地。这些都是对人物形象的合理夸张，但夸张中尽显幽默。

对于特征的夸张很常见。例如，张飞的性格急如烈火；赵飞燕身轻如燕等。这样的幽默并没有完全尊重事实，但是让我们对他们的特征留下了更深刻的印象。

一位四川人和一位湖南人神侃。

"我认为国内最高的山是峨眉山。"

"有什么依据？"

"古人有诗云：'峨眉巍峨问青天，伸手只差三尺三。'"

"还是不如天门山高。"

"为什么？"

"古人有诗云：'天门洞开，拔地依天，上有霞光万里，下有天梯蜿蜒。'"

其实这两座山都没有那么高，这两个人只是用夸张的手法来说明家乡的山十分高耸，以此表达对家乡的热爱。

说起夸张，许多人第一时间想到的必然是广告。我们来看看，别人是如何用夸张来制造幽默的。

一场产品展销会上，一位美国人指着一位德国人的机器说："你的机器效率太低了。我们美国制造的机器，只要按动按钮，放进去的猪很快能变成香肠。"

德国人不以为然，说："你说的东西我们德国早就不生产了。在我们国家，机器制作的香肠若不符合市场需求，只要按动按钮，就能还原成猪。"

美国人在一向严谨的德国人面前夸张吹捧自己的生产力，没想到遭遇了德国人更荒诞可笑的反讽。德国人的夸张方式是一种巧妙的幽默暗示，能在不伤和气的前提下，使美国人懂得去尊重他人的劳动成果。

形容程度的夸张话语太多了。例如，冯巩每次上春晚都说"我想死你们了"，听起来亲切、开心。我们也可以用这样的幽默方式来制造快乐。

几个建筑工人聚在一起，谈论彼此遭遇过的最冷天气。

"前年冷冬，我在大庆搭架子，经常练大手印掌。"一个工人说。

"那时我在漠河，每天口吐雪花，要是不放开水里烫烫，工友都不知道我说了些什么。"

二人的幽默谈话虽有夸张成分，但是也能从中听出天气的寒冷程度。手心的温度融化了钢管上的冰，留下手印；大家说话时口冒白气，说话的内容有时听不清。生活有时是苦的，人们却可以借用夸张以苦为乐。

生活中有许多可以用来夸张的元素，我们不仅要善于吸收，还要能用它幽默地表明自己的看法和意图。

一语多义：言在此而意在彼

一语多义，是指利用语句的谐音、多义，表达出多重含义。如果表达得既风趣诙谐、含蓄婉转，又能使人明白用意，感觉有趣，则可以称之为幽默。

具体应用时，我们要兼顾词句表意和深层含义之间的关系。为了保证双方谈话的顺畅，前者最好浅显易懂，而后者受到当时语境的影响，对方会深入挖掘其中的含义。若两层含义从表面上讲不可分割，但实际上毫不相干，这样的反差便能形成很强的幽默感。

一家公司为了美化环境，购买了许多鲜花，并栽种在公司墙外的花园。由于鲜花很漂亮，路人偷偷挖走了很多。

老板很生气，命令秘书写告示牌。秘书写："赏花远比养花美。"

但是因为语气太温和，告示牌没有起到警示作用，秘书只能重写。

这回写的是——孤芳自赏最心痛。

大家都有这样的体会：美景需要与人分享才更能让自己愉悦。偷花的人不但折损了花朵的美丽价值，而且这种行为也将使他自己陷入孤独的境地——孤芳自赏，无法真正地得到愉悦。秘书的双关语不仅道出心中憎恨，而且十分符合语境，对想要偷花的人起到很好的警示作用。

下面我们再来看看，双关语在文艺创作和调侃上的运用。

抗日战争期间，日军对重庆进行轮番轰炸，山城百姓伤亡惨重。只要防空警报一响，百姓就会钻进防空洞。1941年，上万避难民众在防空洞中因通风不畅导致窒息，同时又发生推挤践踏，造成了"大隧道惨案"。

著名书法家于右任得知此事，心中无比悲恸，写下一副对联。

上联：日寇惊天地

下联：入土难为安

于右任利用了双关语，将日军的轰炸行为比喻为"惊天地"，"入土难为安"则写出了山城人民的悲惨遭遇。

春节过后，小肖找好友阿杜去打篮球。二人一见面，小肖笑着说："阿杜你现在很像一个风云人物。"

"谁啊？"

"杜月笙。"小肖看着阿杜的肚子说。

"我看你也像一个历史人物，萧太后。"阿杜拍拍小肖的后背。

两位好友借用历史人物来调侃彼此的形体。"杜月笙"谐音"肚越升"，意思是肚子越来越大。"萧太后"谐音"肖太厚"，是指小肖背部肌肉发达。

我国古代也有很多妙用双关语的故事。例如，和珅和纪晓岚就有很多令人捧腹的故事。

和珅是尚书，纪晓岚是侍郎。有一天，二人一起上朝，途中遇到一只狗。和珅问纪晓岚："是狼是狗？"

纪晓岚回答："垂尾者是狼，上竖为狗。"

皇宫的道路上怎么可能有狼呢？和珅显然是用"侍郎"（是狼）的谐音，将纪晓岚比作狗。纪晓岚当然知道，他就用"尚书"（上竖）的谐音回击。这则故事幽默诙谐，让我们看到了前人丰富的想象力和组织语言的能力。

在幽默中运用双关语，就好比双拳出击，能让你的幽默威力倍增。

借用经典：幽默更具吸引力

幽默中的借用经典跟写作中的旁征博引有所不同。写作中引经据典意在使文章更可信，所以引用时要求准确；幽默意在诙谐滑稽，可以对一些词句做出荒谬、歪曲的解释。

在我国，许多经典作品都是用文言文写的，词义与现代语言的意思相去甚远。有一些词，不要说加以歪曲，就算把它译成现代汉语，在词义上也能造成极大的反差，显得十分滑稽。

一所师范大学美术学院的研究生入学考试试题中考查了考生对古文词汇词义的掌握。这里摘抄几道题：

1. 凝心内境，悲正法之（凌迟）。

2. 思虑（通审），志气平和。

3. （冠山抗殿），绝壑为池。

括号中的词意思如下："凌迟"是逐渐衰败的意思；"通审"是详细；"冠山抗殿"是指高山之巅耸立起宫殿。

许多答题者笑着说："没想到'凌迟'居然还有此意，倒也符合情景。"

把"凌迟"放在"正法"后面，却给出这么一个解释，这是古今词义差异形成的笑点。古时的一些优美文字若是用现代语言来加以解释，也会让人忍俊不禁。例如，"今宵酒醒何处？杨柳岸，晓风残月"这一句可译为"酒鬼"，却诗意全无。正因为古典文学的优美和庄重在人们的意识中具有很强的稳定性，所以只要在语义上稍有偏差，就可能成为笑点。

有时候，我们对一些经典的意思十分了解，可将之运用到幽默制造中，使幽默透出智慧和博学。

古时有一学者满腹经纶，教学于国子监。一日，几位儒生讨论孔子的七十二位弟子中谁最贤德。

学者听到后，很想知道几位学生对《论语》的掌握情况，就问："孔子的弟子中，多少人戴帽子，多少人不戴？"

"经书上没有介绍。"一位儒生说。

"那是你没看到。不戴帽子的四十二个，戴帽子的三十个。"

"何书记载？请先生告知。"

"《论语》上写冠者五六人，五乘六，三十也。六七童子，四十二个。"

《论语》中记载，孔子的弟子曾皙说，自己的志向是带五到六个成年人和六至七个儿童，无拘无束地到田野漫游。学者却故意将人数说成相乘的关系，而且恰巧最后总数是七十二个，这就产生了诙谐的意趣。

在生活中，我们也可以借用经典来制造幽默，甚至根本不必加以曲解。

阿城和云龙去食堂吃饭，云龙就要了一杯豆浆。

阿城问："云龙，没有你爱吃的菜吗？"

"长铗归来乎！食无鱼。"

"我听说南五马路新开了一家鱼锅店，我们去那儿吧。"

"好啊！"

"我出去看看有没有小黄车。"

过了一会儿，阿城回来，说："长铗归来乎！出无车。"

"我们搭车去，我请你。"

食堂没有鱼、外出找不到车，这些小事会让许多人烦恼，可二人却借用经典幽默地把烦恼化为快乐。

想要谈吐时文雅风趣，就要善于借用经典。尤其是那些被人了解，却不被人熟知的经典作品，借用时更容易制造出诙谐感和滑稽感。但使用时应牢记一条原则：文学功底不是问题的关键，关键是如何进行曲解。

Chapter 05

幽默的进阶，
让表达运用自如

有人问，如何才能把幽默运用得得心应手？幽默大师通常会从招式和心态上入手。招式要简明、多样、组合巧妙，心态要心平气和。如此才能让自己的幽默水平上升到新的高度，面对他人时可以从容不迫，将幽默运用得恰到好处。

简明扼要，更具幽默感

什么是高层次的幽默？有人认为是能贫嘴。就目的性来讲，贫嘴和幽默有着本质的区别。贫嘴大多是为了保持对话，所以有时长篇大论。幽默则是为了快速解决问题、阐明观点、表达意图，所以强调简明扼要，有时甚至不说话，用身体语言来达到目的。

现实生活中，大家都会有这样的感受，语言过多的幽默，通常会因为重点不明显而变得平淡，不仅无法产生幽默感，还会让人厌烦。下面我们通过具体对比来看简明扼要的优势。

火车站里，售票窗口前都排着长长的队伍。小宇跟在队伍后缓慢前行，大约过了10分钟，他面前就剩一个人在等着找零钱了。

前面的旅客一离开，一个中年妇女突然冲到窗口前，买了两张票。买完票后，她回头看着小宇，满脸歉意地说："谢谢小伙子，还是你素质高啊！"

"只是您恰巧遇到了我。"小宇笑着说。

类似这种尴尬的事情，大家都可能遇到过。小宇的处理简明扼要，又十分谦虚，不仅化解了二人的矛盾，还让对方意识到了自己的错误，并为其他排队的人节省了时间。可见，幽默有着非常大的力量。

设想一下，在上述例子中，如果在插队的妇女向小宇道歉后，小宇想幽默一下，但话语却啰里啰唆，结果又会怎样呢？

"还好你遇到的是我，要是你遇到一个脾气急躁的姑娘，很可能会把你一把推开。你没有理，只敢怒目而视。要是遇到脾气暴躁的中年妇女，你更倒霉，她推你、骂你、没完没了，你可能都买不到票。可是你遇到了我，恰巧我还算善良。"

要是小宇真的来这么一段长篇大论，相信每个人都会转身走掉。尽管这段话也还算幽默，但过于冗长，削弱了自身的幽默感。

通过对比，简明扼要和冗长二者的优劣立现。只有用简短的语言表达自己的想法，并让对方愉快接受，才属于高层次的幽默，否则只会适得其反。

不可忽视语言美

幽默作为一种语言艺术，自然要遵循语言美的原则。何为语言美？语言学家给出了准确、鲜明、生动、形象的要求。

准确是要求语言正确、精练、恰当。大家听过关于推敲二字的典故，有时候一字之差，文章的意境就完全不同了。

鲜明是指新颖、明确、有特色。大家都看过影视剧，主要人物的台词都很有特色，能直接反映人物的性格。

电视剧《京华烟云》中有这样一个片段：牛素云一直没有生育，丈夫襟亚提及别人的孩子刺痛了她，两人吵了一架。

襟亚："博文是曹丽华生的，这孩子可是我们家的嫡亲血脉。"

素云："嫡亲又怎么了？我告诉你，是个女人就会生孩子。"

襟亚："嗯！是个女人就会生孩子。"

素云："你什么意思啊？是你不能生，还是我生不出来。走，当着你爸妈的面儿给说清楚，走啊！"

襟亚："行行行，你说上哪儿就上哪儿。我脸皮厚得像城墙，没羞没臊的，别说是见父母，就是去前门楼子里嚷嚷，我也没脸没皮没感觉，走吧！"

素云："你给我回来。"

襟亚："咱把话跟父母说清楚，省得又说我欺负你，冤枉你。"

素云："瞧你那窝囊样，三杠子踹不出个屁来，你说什么呀。"

襟亚："我这肚子里，那全是棉花套子，哪还能放出个屁来呀。"

素云："我不跟你过了。"

襟亚："遵太太的命，你要写休书，还是打离婚？打离婚吧，文明。"

素云："你想气死我呀！"

襟亚："你说对了，你前脚死，我后脚就续弦，你看我有没有这个能耐。"

素云气得大叫两声，然后拿着衣服走出门去。

襟亚："送娘娘回宫。"

通过这些台词，我们就能看出牛素云任性、嫉妒、多事的个性。而襟亚是个窝囊的人，平日里见惯素云的跋扈，受尽她欺负，所以自认无能。他的台词十分搞笑，给人留下了很无辜、很可爱的印象。我们要想让幽默引人关注，就一定要在鲜明这点上多下功夫。

生动是指运用多种修辞手法进行描写，如夸张、比喻、排比、反复、借代、对偶等。李白喜欢用夸张的手法，写出"白发三千丈""飞流直下三千尺"等诗句。这样的描写，让人物和景物生动地呈现在大家面前。

形象则综合了准确、鲜明、生动的优点，可塑造惟妙惟肖的典型人物或景物。下面我们来看看，《范进中举》里面的一段描写。

来到集上，见范进正在一个庙门口站着，散着头发，满脸污泥，鞋都跑掉了一只，兀自拍着掌，口里叫道："中了！中了！"胡屠户凶神似的走到跟前，说道："该死的畜生！你中了甚么？"一个嘴巴打将去。众人和邻居见这模样，忍不住的笑。不想胡屠户虽然大着胆子打了一下，心里到底还是怕的，那手早颤起来，不敢打到第二下。范进因这一个嘴巴，却也打晕了，昏倒于地。众邻居一齐上前，替他抹胸口，捶背心，舞了半日，渐渐喘息过来，眼睛明亮，不疯了。众人扶起，借庙门口一个外科郎中的板凳上坐着。胡屠户站在一边，不觉那只手隐隐的疼将起来；自己看时，把个巴掌仰着，再也弯不过来。自己心里懊恼道："果然天上'文曲星'是打不得的，而今菩萨计较起来了。"想一想，更疼的狠了，连忙问郎中讨了个膏药贴着。

胡屠户每日杀猪都不曾手疼，但是打了女婿一个耳光，手掌却隐隐作痛，还想起菩萨的责罚，可谓生动形象。范进披头散发，口中叫道"中了"，也十分滑稽。

可见，语言美能够为幽默增色。我们要是想做到这一点，就要多读书，并借鉴书中高超的表达技巧，幽默水平的提高一定立竿见影。

穿插巧妙见高明

大家都遇到过妙语连珠的人，但是从幽默的角度来讲这并不算高明。就好比画画，满画布都是亮色，画面未必漂亮，因为缺少层次。此外，人们运用幽默的时候都会围绕一个主题展开，但是主题未必是妙语能够表达的，过多的妙语容易喧宾夺主、脱离主题，所以要适时穿插。同时，我们还要注意，幽默和主题的衔接要自然得当，千万不要让别人觉得画蛇添足。

著名画家陈丹青到一所大学的中文系讲文学创作。他开场时说："作为一名画家，却给大家讲写作，只要大家不说我是挂羊头卖狗肉就行。至于我为什么去写作，可以说是物不得其平则鸣。可是，我的不平不只是来自美术，而是来自几个艺术领域的怪现象。我把这种现象称为'只看有无，不看好坏'。例如，闻名全国的一首神曲，居然没有歌词；一些影视作品全靠偶像支撑。我无法用这种方式和大家取得共鸣，于是只有去写。说了一些坏话，感谢大家说是好文字。"

这些话说出来后，场内响起了欢笑声和掌声。

陈丹青先用妙语否定了自己教文学的水平，可避免讲课时出现的一些尴尬情况。他随后用严肃的语气，交代了自己写作的原因和文艺价值观。举例时他采用幽默，说了一些众人皆知的文艺现象。把不用音乐和油画感染大众，转而采用写作的方式归因为自己能力有限，话语虽无奈，但可见他对认真创作的坚持。大家之所以把他的坏话说成是好文字，是因为大家对文艺的态度很端正。

从陈丹青的开场白中，我们来分析一下穿插幽默时可以用的技巧。我们关注幽默，但不要只留心幽默的语句。我们可以古今结合，用现代语言去说古人的事，或者用古代汉语描写现代的事。例如，用《孔雀东南飞》的行文方式去说今天的婆媳关系；谈幸福观的时候，跟古人做对比：古代达官显贵出入才坐轿，如今普通家庭都能有私家车；说起文艺创作，可提姜夔、徐渭等多才多艺的古代文人，以表示自己的追求。

还有一种高明的穿插方式，就是在谈话中加入每个人都一听就懂的妙语，使大家发笑。

志清和小朱在一起谈论人际交往的问题。

小朱说："一个人是否优秀，关键是看被谁欣赏。雍正不能喜欢高俅。"

这时，志清问："为什么？"

小朱说："吃肉的不能赏识草包。"

小朱如果直白地说原因是雍正励精图治，不能重用游戏人生的高俅，那明显会缺少幽默感。而小朱的妙语则阐述了物以类聚，人以群分的至理。

在穿插妙语的过程中，除了自然、适时，我们还要注意语速的问题。语速可以表示一种态度，太急切或者太缓慢都很难达到预期效果。因此，一定要把高明落实到每一个细节，才能最大限度地发挥幽默的作用。

心平气和更能感染对方

人们常说："态度决定高度。"运用幽默也是如此。我们要心平气和才能如细雨润物般感染听者。可是，做到这一点十分不易，至少要具备三大条件：机智灵活、平常心、荣辱皆忘。

外部环境对人的心态的影响很大，因此要用机智灵活去化解紧张的气氛；之后再运用幽默，将会事半功倍。

小潘和阿城是好友。有一天，小潘去阿城家，阿城演唱自己作词作曲的歌曲，刚唱了几句，小潘就忍不住咳嗽。阿城以为小潘不认可自己的音乐，停止了演唱。

"阿城，快给我倒杯水。"小潘说。

小潘喝完水后，满怀歉意地说："你这里的雾霾居然让我先听最不喜欢的重金属。"

阿城笑着说："就是这空气把我练成了铁肺歌手。"

别人唱歌或讲话的时候，我们咳嗽不仅不礼貌，还会让对方和自己陷入紧张的气氛中。为了缓解气氛，自己能做到心平气和十分重要。小潘的方法是先要一杯水喝，等心态平和了，再做解释。他的解释很幽默，将自己的咳嗽比喻为重金属音乐，以此来说明雾霾的严重程度。阿城也是懂幽默的人，用铁肺与他呼应。有了这样的态度，之后两人才能更好地听歌曲。

我们正处于瞬息万变的时代，许多人有沉重的心理压力。如果我们不能对忽然而至的事情保持平常心，就容易变得过度兴奋或悲伤，失去靠幽默打动听者的机会。下面我们来看看，如何做到处变不惊。

著名作曲家罗西尼有许多富有的崇拜者。这些人成立了一家基金会，要为罗西尼建立一座雕像。罗西尼听说后，问发起者："你们准备筹多少钱？"

"至少应该1000万法郎。"

"我的天，如果你们每天给我500法郎，我愿站在雕像的底座上站岗。"

罗西尼面对价值1000万法郎的雕像没有欣喜如狂，而是很谦逊地说自己的身价并没有那么高。正是因为拥有这种平常心，他才能说出此等幽默的话语。

一个人面对荣耀和耻辱时最难心平气和，而能够在不计荣辱的同时保持幽默，则更实属不易。

有位科学家造访居里夫人，突然发现他的小女儿正拿着国家权威机构颁发给她的奖章玩。

科学家问："如此珍贵的金质奖章，万一被孩子玩坏了怎么办？"

居里夫人笑着说："我是想以此教育孩子，荣誉就像玩具，它是你的快乐，不是你的压力。如果有损坏，那就获取新的荣誉。"

许多伟大的人都会不断突破自我，哪怕是新的尝试会影响以前的名誉，依旧会勇往直前。他们的淡泊名利和幽默来自于对自己事业真正的热爱，而不是要一劳永逸，所以他们的言语对他人有巨大的激励作用。

具备了以上三个条件，我们在心态上就可以说是内外兼修了，这时再结合幽默将无往不利。

善用"反手"，更自如

打网球时，使用反手可以让攻防更自如，从而提高成功的几率。在幽默中使用反语也是同理。在生活中，总有人用和原意相反的话语或词汇来表达原意，用于否定、嘲讽、规劝或嘲弄等。下面来看几个跟反语有关的例子。

一次培训课上，学生小君迟到了10分钟。老师让他进入课室后，他满怀歉意地说："对不起，老师，打扰你讲课了。"

"你对得起我，不听课，白给钱，但是对不起专心听课的同学。"

老师不希望学生迟到，但如果他直白地说下不为例，学生只会当作例行职责，自我反思的程度会很低。但是运用反语，让学生看到自己的迟到对集体的坏影响，批评力度更强。

老王爱喝酒，有一次喝得醉醺醺，却找来梯子，爬上葡萄架摘葡萄。可是他太重了，葡萄架被他压塌，他也重重地摔在了地上。

妻子听到响声，从屋里出来，发现此时老王竟一声没吭。

"你这酒喝得好啊！连疼都不知道。一会儿再喝点，就不用担心酒醒了。"

妻子是不喜欢丈夫喝酒的，可她没有在这个时候大声斥责，而是选择了运用反语。醉酒的人神志不清，要是动怒，双方很有可能发生争吵。用反语则会让丈夫感到羞愧，以后饮酒会有所节制。

著名画家齐白石在家中作画时，一位商人登门拜访。二人寒暄几句后，商人说："齐先生作画简单随意，自有天趣，可否送我一幅作品？"

"我最写意的画都在纸篓里，先生可有时间挑选？"

齐白石的画作贵在自然天趣，可是他的工作态度是严谨认真的。他为了画好层次，会用尺量花叶之间的距离。商人却说他创作的态度简单随意，而且还索要画作。齐白石用反语巧妙地拒绝了商人的要求，同时让对方知道自己绘画的辛苦。

可见，运用反语可以灵活多变地表达自己的立场和态度，而且不生硬、有趣，使话语更具幽默感。

反语虽然有多种好处，但是运用时也要多加注意，否则会给自己带来一些麻烦。下面我们来看看运用反语时的一些禁忌。

分不清对象

反语含有嘲讽、否定的味道，所以运用的时候一定要分清对象。对不苟言笑的人有意见的话，直言不讳、商量探讨都会比运用反语好。

刘医生的业余爱好是打台球。他打球时思路缜密、节奏慢。有一天，他在健身房里跟教练对战。

"刘哥不愧为医生，打球跟做手术一样。"教练说。

此时，刘医生正在仔细研究击球点和走位。

"台球又不是百米赛，动作快有什么用。"

教练用反语催促刘医生快点击球，可对方是认真的人，而且不认可他的打球理念。他的反语不仅没达到效果，还暴露了自己的无知。

含糊不清

运用反语就要让别人一听就知道是反话，这样才能发挥反语的作用，否则会产生歧义，反而不如用原意来表达。那怎样才能避免含糊不清呢？我们来看看下面的例子。

小宋为了减肥，每天在大学的操场上跑十圈，但总是跟不上一起跑步的队伍。于是，他采用正跑一圈后反跑一圈的方法，居然在两个月内瘦了20斤。

朋友阿亮问："小宋，你怎么瘦得这么快？"

他们共同的朋友小刘说："他动力大啊。"

阿亮又问："受什么刺激了？"

小刘说："跑十圈，拿五次第一，你让他介绍经验吧。"

小刘是在调侃小宋的跑法，说他五次荣获第一，别人一听就知道这是反话。正话反说，用得明确，既搞笑，又设置了悬念，等答案揭晓时，更令人捧腹。

善用"组合拳"，撕开对手防线

有时候，我们与他人交流时很希望直奔主题或一语中的，但这很难做到，尤其是想对他人进行挖苦和讽刺时。这就好比打拳，对手必然会防止你直击面门。我们可以利用幽默打出次拳、摆拳，使对手门户大开，遭受最重的打击。

一位贵妇的孩子掉到了河里。在岸边钓鱼的中年男子看见后，马上跳入河里去救孩子。孩子被救上来以后，贵妇只给了中年男子一个银币作为报酬。围观的群众很愤怒，指责贵妇小气。贵妇却若无其事地要离开。

激愤的围观者拉住她，让她拿出更多的报酬。

中年男子却说："放开她吧！"

有人诧异地问："你就不在乎你的付出吗？"

中年男子回答说："当然在乎，可是这位夫人认为我捞起的是条鱼。"

中年男子的幽默是很具戏剧性的，表面上他好像已经宽恕了贵妇的行为，可实质上他比围观群众更加鄙视这个自私冷漠的贵妇。他回答的巧妙之处在于对贵妇的小气做出了出人意料的解释，把回报之低和自己钓鱼的爱好联系在一起，嘲讽贵妇对自己孩子生命价值的低估。在这个例子里，幽默的攻击性并没有因先作缓和而减弱。中年男子貌似大度，实则是绵里藏针。

在一些生活情境中，我们会想讽刺和挖苦对方，可又偏偏不能用十分直白的语言。这时候，我们可以用幽默打出一记"组合拳"，先用幽默来令人发笑。人在这个时候的戒备心最差，此时突然反击，就好像拳击比赛中，打出次拳后，马上打出后手直拳，会让对手措手不及。

苗苗想学书法，让好友小敏帮她推荐几本字帖。小敏从历代知名书法家的字帖中挑选了几本介绍给她。

苗苗看到王羲之的字帖后，评价说："忸怩作态的，不够端庄大方。"

"怪我忘了你太后般的气魄。"

"难道就没有雄浑一点的吗？"

"有啊。"

"贵不贵？"

"你没必要浪费钱买字帖，照着小学语文课本练就行。"

有时候，朋友之间不能直接去讽刺挖苦，可是当难以忍受对方的一些言论时，不如先运用幽默来令其发笑，然后再说出自己的真实想法，以表达自己的不满和规劝。

王羲之的字笔法多变、清秀有力，可苗苗不懂欣赏，直说不够大气。这显然是枉费了小敏的一片好心。可是，小敏不能责怪朋友的无知，只能幽默地说王羲之的字不符合苗苗的个性。面对苗苗提出的新要求，小敏告知她按小学课本练习，暗指该水平更符合"端庄大方"的要求，没必要浪费时间挑选字帖。

大家切记，当我们对他人进行语言打击时，先用幽默掩盖自己的意图，对方就很有可能走进我们设置的语言陷阱，这比情绪激昂的反驳更容易实现我们的目的。

以不变应万变

幽默的最高境界就是以不变应万变。首先，人们谈论的话题是经常变化的，但是目的是相对稳定的，我们只要抓住目的，就可以用幽默来解决问题。其次，有些事情的变化已经无法改变，只好用幽默的态度表示感慨。

三国时期，曹植文采出众，深得曹操喜爱，因此曹操有意废太子曹丕，让曹植接替自己的位置。

可立太子自古就是国家要事，于是曹操向他的一位谋士征求意见。

"我这三个儿子中，曹丕有治国之才，群臣也拥护他，但是文采、气概不及曹植。曹彰勇猛，只适合征战，不适合安邦。你看我该怎么选择呢？"

谋士一言不发。

"我让你提建议，你怎么不说话呢？"

"臣正在想一件事。"

"何事？"

"汉景帝和司马相如。"

曹操听后大笑，马上明白了谋士的言外之意，于是决定依旧让曹丕当太子。

谋士要是跟曹操探讨三子的优劣，会牵扯出很多的话题。可他知道这些都不是曹操想要的答案，若是说错了，还可能带来杀身之祸。于是，他提起前人，以此劝曹操不要废太子，意思是，曹植之才可比司马相如，但做帝王未必比得上曹丕。曹操当然明白谋士的话中之意。可见，抓住目的就不会受变化的影响。

美国的一家慈善基金会决定举行一次著名作家签名作品的拍卖活动，目的是为贫困儿童筹集学习、医疗的费用。他们邀请了著名作家海明威，希望他把《永别了，武器》这部作品签名拍卖。海明威再三考虑后，写信拒绝了这家基金会的邀请。理由是："我在红十字会下设的医院工作过，此类作品在以前都是赠品，不适合拍卖。"

这家基金会的做法十分有趣，居然把海明威的回信和其他作家的签名书籍同时拍卖。拍卖的结果让人惊讶，海明威的回信居然被人以160美元的高价买走。这比拍卖最高价的书籍高出了100美元。海明威得知此事后，笑着说："早知如此，我该再三拒绝。"

拒绝参加拍卖活动的海明威没想到，自己的回信居然被高价拍卖了。这种事情自己也无法左右，所以海明威只能用幽默的态度表达感慨。

将"以不变应万变"的理念用于制造幽默，往往要具备洞察外物变化和随机应变的能力，这些正是成为幽默大师的必备条件。

打造自己专属的幽默感

齐白石对学生许麟庐说："学我者生，似我者亡。"想成为一个幽默的人也是同理。你可以向他人学习幽默的方式、方法，但是必须把它转化成自己独有的人格魅力，才能给人留下深刻的印象。

著名诗人海涅收到朋友邮寄的包裹，包裹很大，邮费很高。他想一定是很贵重的礼物，就小心翼翼地拆开。原来是如同俄罗斯套娃一样套在一起的包装盒，最小的盒子里有一张小字条，上面写着："我的一切都安排妥当，放心吧，朋友。"落款是：梅厄。

过了几天，梅厄收到了海涅寄来的包裹。包裹不是很大，但是非常重。梅厄拆开后，发现里面是一块石头和一张字条。字条上写着："得知你很好，我心里的石头也落地了。"

海涅很好地展示了如何学习他人，打造自己的幽默。一个有趣的人，在待人处世方面大多是乐观和热情的，可以让他人欢笑。我们也可以找到适合自己的幽默方式，让别人更愿意接近自己。

浴池里，一位老伯站不起身，搓澡工和大东把他扶起来，带到休息区。
"你是这院里大旺家的孩子吗？"老伯问大东。
"大爷，我不是本地人。"
"小伙子人好啊！"
"大爷，你怎么自己来的啊？"
"儿子一家跑长途，顾不上我。我以前都是跟老战友一起来，这几天他病了。"
"你也得注意身体啊。"
"前年还能给孙子做饭呢。今年就跟秋后的稻草似的，身子弱，头就沉。我那老战友比我还糊涂，上周非要把虎皮垫子给我，说医院比家暖和，他用不着了。"

秋天，稻草里含的水分少了，很难支撑起沉甸甸的麦穗。老伯的比喻可谓幽默、形象。当他提起战友和他之间的友谊时，能让人在微笑之余深思。从他的话语中，我们可以看出，他的战友也是儿女不在身边，对孤独深有感触。他把虎皮垫子给老伯，并不只是因为医院暖和，而且因为那里有一些病友，有一种温暖的气氛。可是这样的话不好说，于是他就选择用让人觉得幽默的方式来表达。

你是一个有趣的人，别人就会愿意跟你交谈。他们愿意听你讲的故事，也会跟你交流自己觉得有趣的事。这是一个相互学习的过程，能让你觉得更加轻松、充满阳光，进而把快乐带给周围的人。

在日常生活中，我们要多接触幽默的人，并怀着使他人高兴的心情，展示自己的幽默，得到别人的认可。

杨老师56岁了，依旧喜欢打篮球，但是投篮不太准。小伟每次跟他一组，从不责怪，两人竟成了忘年交。

"小伟啊，我年轻时也是校队的得分后卫，挺准的，只是三年前受重伤，影响了投篮。"

"怎么伤的？"

"骑自行车掉下水井里了，多亏锁骨把我锁在井沿上。"

"骨折了吧？"

"都成三节棍了。"

杨老师对锁骨作用的新颖阐述，幽默且乐观，可能别人都没听过。他的幽默启迪我们，面对不幸的事，要找出其中的幸运之处，才能无怨地生活。

每个人的经历不同、个性不同，对幽默的表现方式也不同，但有一点是相通的，就是有自己专属幽默的人更受欢迎，更能得到别人的帮助。因此，我们要用极具特色的幽默来提升个人魅力。

Chapter 06

幽默的高度是智慧，
而不是搞笑

搞笑作为幽默的基本要求，能起到引起听众注意、令他们精神集中的作用，但是它不能决定幽默的高度。我们看那些经典的幽默故事，不难发现其实它们都包含着智慧。就现实生活来看，那些聪明而且超脱的人也更容易发现幽默的素材，并制造出耐人寻味的幽默。

智慧是幽默的调味剂

许多聪明人缺少幽默感，于是钻研幽默技巧，却依旧无法使别人发笑。主要原因就在于他们的幽默中看不到智慧的成分。

这里引用一位名人的一段话来说明智慧和幽默的关系："迟钝笨拙难以幽默；骄傲自大难以幽默；浮躁难以幽默。只有从容、宽厚、超脱、聪明才能幽默。"可见幽默需要的智慧不只是高智商，还要结合智慧的其他要素，才能使幽默更有味道。

大雷在外地工作，很少回家。中秋节回家时，母亲给他炸大虾补充营养。

她将大虾放入锅里后，先把刚晾干的几件衣服叠好。就是这么短暂的一会儿工夫，大虾居然煳了。

"都怪我粗心，怎么能这么快就煳了呢！"母亲自责说。

"没事，煳了就胡吃，经常事。"大雷笑着说。

"那得什么味啊！"

"煎、烤都有了，应该很美味。"

大雷的幽默体现出了他的宽厚。母亲给自己改善伙食，就算没做好，也不能责怪。但是这不能让母亲不心疼食物，于是他借用谐音说自己可以吃，并形象地说像经过煎、烤的食物，意思是达到了特殊的烹饪效果，很让人期待。试想，如果大雷只是聪明，没有宽容的性格，绝不能打造这样的幽默。

曼德拉曾入狱二十多年，面对常人无法忍受的环境，他用幽默一一应对。例如，躺在冰冷的水泥地上，对着天上的明月微笑；刑罚由死刑改成无期时，他告诉自己，这将是自己胜利的开始。

1975年，他的二女儿津姬首次被允许探望父亲。曼德拉入狱时，津姬只有3

岁，如今已经是15岁的小姑娘了。为了不让女儿看到自己的衰老，他特意穿上了一件带花纹的新衬衣。女儿来到探监室时，曼德拉笑着说："你看到我的护卫了吗？"然后，他指指身后的看守，女儿一下被逗乐了。

看守对曼德拉的乐观百思不得其解，对他说："你想逗你女儿开心，拿我取乐，我一点都不觉得奇怪。但是我不能理解你每天跟清洁工都能开玩笑，这到底是为什么呢？难道你就不仇视这里的一切吗？"

"你以为你们是压迫者，其实又何尝不是被压迫者？你们把自己锁在偏见和愤怒的牢笼里，同样被剥夺了自由和人性。"

曼德拉的幽默来自于他超脱的精神境界。正是因为有这样的思想，他才能从容面对任何人，和他们幽默地交谈。

幽默正是因为有了智慧的调剂，才有了自己专属的味道。我们在提升智慧的同时，还要不断增加学识，才能有丰富的谈资，雅俗共赏。

层次越高的幽默越有智慧

高层次的幽默在语言运用上，具有犀利而忠厚、含蓄而婉转、热烈却不过火等特点。从思想上看，不是小聪明，而是大智慧，向他人传达的是一种乐观而健康的人生态度，使人能坦然面对困境，在顺境中也不会过于张扬。

莫言荣获诺贝尔文学奖以后，被北京师范大学聘用为客座教授。有些学生会在课余时间，向他问一些尖锐的问题。

"莫言老师，你觉得余秋雨老师去给歌唱比赛当评委，适合吗？"一位学生问。

"你的问题让我想起了自己被人邀请去评论网络文学，网上的精英们对我很不满意。"

"他们是怎么说的呢？"

"他们说，莫言既不上网，也不在网上发表作品，来评论网络文学就跟既不懂欣赏音乐，又不会创作音乐的人一样，没资格给音乐比赛当评委。"

"我看过你的小说和评论，小说很幽默，评论很犀利，为什么会出现这种情况呢？"

"小说就好比一位在海外流浪的国人，回国后，可以用美国式幽默吹嘘自己的辉煌经历。大家想听的是故事，没人在乎这个人所言是虚假或真实。评论则不行，说不得假话，否则大家会质疑你的水平和品。"

"若是有一天你的创作力枯竭了，你会像一些名人那样，靠书法或主持节目赚钱吗？"

"要是我能画得跟陈丹青一样好，我就会考虑。"

"老师，如果我放弃中文系的学习，你觉得我能做一个优秀的主持人吗？"

"不能。"

"为什么？"

"你觉得孟非只是靠口才家喻户晓的吗？"

　　莫言面对几个尖锐的问题，没有用小聪明去回避，而是婉转幽默地表达了自己的见解和态度，对学生具有巨大的教育作用。关于当音乐评委，莫言认为做人要有自知之明；关于评论，要实事求是；他认为可以跨界，但是要真正做到多才多艺；关于学业选择，莫言以孟非为例子，告诉学生不可放弃中文，因为受观众欢迎，很大原因就在于博学。学生在听过莫言的话后，即使在面对众多选择的时候，也会不那么迷茫。可见，智慧决定了幽默的高度。

　　有一个商人，生意越做越大，一路顺风顺水，态度也变得日益膨胀。某日，两个朋友造访。他带二人到家附近自己常去的饭店吃饭。服务员把孜然羊肉端上桌后，商人大怒，说："你们这是孜然羊肉，还是孜然洋葱？去把老板叫来！"

　　过了一会儿，老板娘过来，问："菜有问题吗？"

　　"你看看才几片肉，我还是不是老顾客了！"

　　老板娘礼貌而平静地回答："正因为您是老顾客，我们对您的接待从来就没变过。"

　　有些人取得成绩后会自我膨胀，言行举止都变得张扬。可是他能够给别人提供的好处不变，在别人眼中依旧是从前的他。拥有智慧的人会通过幽默让对方认清现实。

　　高层次的幽默融合机智、善良、胸怀，虽不锋利，却很有穿透力，几句话就能把问题说得很通透。因此，我们要提高幽默层次，首先要注意智慧水平的提升。

遭遇尴尬时，让机智和幽默同行

每个人都难免有遭遇尴尬的时刻。例如，在舞会上被别人踩到裙子，在众人面前打翻了酒杯，说话的语气或朗读的内容引人发笑，这些事情都会让我们陷入尴尬的境地。这个时候，我们让机智和幽默同时发挥作用，不仅可以轻松摆脱窘境，还能给他人留下良好的印象。

中央戏剧学院文学系举办一期考前辅导班。学员写完老师布置的散文后，要在课堂上进行朗读。

有一篇散文题目是"我的父亲"。男学员小金写到自己的父亲最怕辣椒，但是为了给小金补营养，他尝试做鱼香肉丝。

当他读到"鱼香肉丝"的时候，全班大笑。因为他分不清平舌音和翘舌音，再加上上扬的腔调，听起来很有喜感。

小金马上意识到了自己的错误，他说："后来我爸发现其实我比较喜欢吃油焖尖椒，之后便用油焖尖椒来代替此菜。"

小金机智敏捷，马上意识到了自己的错误。可是这个错误不是马上就能改正的，于是他借用幽默的力量来解围。事实就像他所说的那样，大家只要知道那是一道很难做的菜就够了，至于菜的名字并不重要。此外，有此幽默，还能防止以后再出现类似的尴尬局面。

下面我们再来看看，如何用机智和幽默给他人留下良好的印象。

第一次世界大战期间，美国名将潘兴率领部队远赴法国作战。有一天，他在司令部接待几位法国客人。因为天冷，警卫员把壁炉的火烧得很旺。潘兴背对着壁炉讲话，一会儿就汗流浃背，只好转过身面朝壁炉坐下。

一位客人看到后，跟潘兴说："将军你身经百战，无惧战火，怎么能畏惧一个壁炉呢？"

潘兴说："这位先生你错了，作为一名军人，直面战火是必备的素质。要是我背对战火，就不会来到你们国家的前线增援。"

潘兴将军借助客人的玩笑，巧妙地引申到军人的素质，不仅摆脱了尴尬，还让法国客人看到了自己的风度和个性，让客人对他产生感激和敬佩之情。潘兴之后也用行动证明了自己，联合法军、英军大败德国军队，成为法国人心中当之无愧的英雄。

在生活中，出现尴尬的情况更多，如果不能机智幽默地应对，有时会大伤和气。

建设银行内，一位上了年纪的妇人递给柜台业务员一本交通银行的存折。

"对不起，阿姨，我们不办跨行的业务。"

"姑娘啊，我可以多给你点钱。"

"阿姨，马路对面就是交通银行，麻烦您去那里办理。"

"你这孩子怎么这么没人情味，我就不信，都是银行，还分什么皇宫、民宅。"

"7号。"业务员没接话，随即叫了下一个等待办理业务的号。

"我的事你还没办完，你信不信我找地方告你。"老妇人大声说。

大堂经理走过来，说："阿姨，我们这是建设银行，您想想，砌火炕的人是不是不会赶马车？"

老妇人对这个解释十分满意，于是去交通银行取钱。

大堂经理通过老妇人的话语，快速判断出她可能来自偏远山区，然后用她能接受的幽默给予劝说，达到了化解矛盾的目的。

当我们遭遇尴尬时，必须迅速反应，思路敏捷，并借助幽默的力量，才能从容不迫，巧妙地化解问题。

学会自嘲，让幽默充满大智慧

想要做到充满大智慧，首先就要做到心态平衡。但这很难，因为许多人遇到困境和尴尬的事情时，情绪都会有一些波动，而反应过激则会对身心造成巨大的伤害。为了避免这样的事情发生，可以用自嘲来平衡自我情绪，重回乐观、明智的精神状态。

下面先来看如何用自嘲来平衡自我情绪，再来看怎么用它激励自己奋发向上，又量力而行。

南宋著名词人姜夔，博学多才，但几次科考都名落孙山。此后四处漂泊，生活窘迫，但是他靠词作自嘲，达到了自我平衡的目的。我们来看一下他的词作：

燕雁无心，太湖西畔随云去。数峰清苦，商略黄昏雨。

第四桥边，拟共天随住。今何许。凭阑怀古，残柳参差舞。

词作大意是：燕子、大雁只是随季节来去，并非有意为之。它们从太湖西岸飞入云端。我只能看见湖上的山峰，好像在酝酿一场黄昏雨。

现在我就在陆龟蒙隐居之地，却不可与其同住。靠着栏杆怀古，只看见残败的柳枝乱舞。

姜夔用燕子、大雁自比现状，无奈中可见洒脱。数峰清苦，暗指自己做人风清骨峻，却历经无数清苦。此时他站在陆龟蒙的故地怀古，心里思绪万千。

陆龟蒙处于晚唐，屡试不第，只好退隐松江。姜夔也有济世之志向，不得施展，所以也有学陆龟蒙寒江独钓的愿望。

姜夔通过自嘲找到了参照的对象，从而放低自己，追求淡泊自适的生活。

后晋时期，有一位叫梁灏的年轻人在参加科考前立志，不得头名绝不还乡。怎奈命运坎坷，他多次落榜。面对亲朋的嘲讽，他说："难磨的剑更可能是利器。"

就在这种自嘲的激励下，他从后晋开始应试，历经后汉、后周两朝，直到北宋雍熙二年才考中状元。他写诗自嘲：

天福三年来应试，雍熙二年始成名。

饶他白发头中满，且喜青云足下生。

观榜更无朋侪辈，到家唯有子孙迎。

也知少年登科好，怎奈龙头属老成。

梁灏之所以能最终取得成功，自嘲对他来说起了巨大的作用。我们试想他如不自比难磨的剑，很可能考过三次就放弃了。前功尽弃的人很难迎来生命中的荣耀时刻。

而用自嘲激励自己量力而行，则远比豁达和奋发难。因为人们面对一些讥讽的时候，会逞强好胜，这对自己是最大的伤害。

小唐是游泳健将，经常动员好友小王也学游泳。有一次，小王陪他去游泳馆。

"是男人就得挑战深水池，你跟孩子站一块，永远也学不会游泳。"小唐对浅水区的小王说。

"我都跟你说了，我是属鸡的，水没腿，就得沉底。"

你用激将法激我，我偏自嘲无能，以防遭遇危险，不能自控。面对恭维的时候，我们也要冷静。例如，狐狸夸乌鸦唱歌好听，只是为了得到它口中的肉。乌鸦若能暗自自嘲，则不会上当。

自嘲的方法有多种，要根据当时的情况和自己的目的做相应的调整，有着能助益于自己志向的自嘲，才是人生真正的大智慧。

有一种幽默叫难得糊涂

《红楼梦》里有首曲子叫《聪明累》，说人就算如何聪明，也难以做到每件事都深知。例如，每个人都难免会遇到一些始料不及的事情，要是处理不好，后果也许会很严重。此时假装糊涂，一能为自己思考问题获得缓冲时间，二能让别人觉得你幽默智慧。

鳌拜、苏克萨哈、遏必隆三位辅政大臣突然拜访首辅大臣索尼。

"各位既然来了。我得立一个规矩，今日只谈茶道，不谈政事。"索尼说。

"我今日就是为政事而来。苏克萨哈何德何能，可担任科考主考官一职？"鳌拜说。

"那鳌中堂的意思是？"

"本官建议由班布尔善代替他。班布尔善是皇亲，还德才兼备。"

"好，好，好。"索尼说。

"我当主考官，是我们四个辅政大臣公议的，如今要换我，总得说出个道道来。"苏克萨哈说。

"好，好，好。"索尼说。

"索中堂又是一个好好好，究竟选谁好呢？"

"我看两个都好。"

鳌拜执意更换苏克萨哈，遏必隆支持鳌拜的建议。

"二比一啊，索中堂还在病中，表不表态，悉听尊便。"鳌拜说。

"既然你们都定了，也必然是妥当的。只是此事太皇太后已经恩准了苏克萨哈，你们谁去跟太皇太后解释啊？"

"主考官可缓议，但是考题得换一个。副主考拟定的考题是先王之法，苏克萨哈拟定的是时政之要。先王之法好，不忘祖宗。时政之要容易引起他人攻击朝政，还是换了好。"

"好，好，好。"

"索中堂又是一个好好好，究竟是换了好，还是不换好？"遏必隆笑着问。

"都好，都好，都好啊……"索尼咳嗽不止。

"快来人啊，带家父进药。"索尼的儿子索额图吩咐下人。

更换主考官是国家大事，索尼就算心中有人选，也不能表态。于是，他装糊涂，满嘴都是好好好，眼看鳌拜要独断，则用太皇太后来阻拦。对于考题的更换，依旧是糊涂的答复，没让鳌拜当下便实现目的。过后，他便可以认真揣测鳌拜的意图，并找到更好的对策。

有一个小孩聪颖过人，街坊邻居都喜欢他。大年初一，他去亲戚家拜年。亲戚指着两个门神问："谁是敬德，谁是秦琼？"

小孩并不认识这两个历史人物，于是说："秦琼一旁的是敬德，敬德一旁的是秦琼。"

难得糊涂并非真的糊涂，非有大智慧者不能掌握。通过它，我们可以更好地掌控大局、维持体面、制造幽默，并给人留下温儒和睿智的好印象。

别让幽默一笑而过

幽默如茶，要细细回味才能领悟其中的哲理，促进自身幽默水平的提高。可是，很多人选择一笑而过，这是对幽默价值的巨大浪费。

幽默一：

"杨哥，你就不能不炒菜，换成煮面条吗？"小王对同宿舍的小杨说。

"我是东北人，没有吃面的习惯。"

"煮面经济实惠，还养胃。"

"我知道，但是杨家将受不起王监军的指挥。"

原来，小王经常来蹭饭吃。

大家一定遇到过这种人，跟自己利益有关的事，一点也不付出，但是对别人要求很多，还十分挑剔。久而久之，只能让别人厌烦。因此，小王应该要从小杨的幽默中听出更深一层的意思。不付出的人，怎么可能总得到好处呢？

幽默二：

"你嫂子画那些风景油画也卖不上价，都不如画钟馗镇宅。"小张对弟弟大明说。

"哥啊，你觉得中国的王二妮能不能客串美国的蕾哈娜？"

在经济大潮下的今天，不少人的价值观是"金钱至上"。可是人和人不同，所能做的事也不一样。做自己喜欢的事，就算挣钱不多，至少还符合心愿。模仿别人很可能不伦不类，一无是处。

幽默三：

在银行，一位老太太很客气地对一位年轻人说："小伙子，你好，你能帮我填一下汇款单吗？我忘记带老花镜了。"

年轻人拿过汇款单，说："请把收款人的名字和卡号给我。"

年轻人按老太太的要求很快就填完了汇款单。

"您看我写的行吗？"

"你这么写，我的钱就得扔水里了。"老太太笑着说。

"怎么了？"

"你把'于月坡'写成'于肚皮'了。"

人们常说，帮人帮到底，不只是要求坚持到底，而且是要把事情做完善，能真正地帮助到别人。如果做不到这一点，很可能会给别人带来更大的麻烦，还不如一开始就拒绝。

幽默四：

一个孩子看课外读物，突然对爸爸说："爸爸，书上说一个宝宝喝熊奶，一个月长了20斤。"

"你看的是童话书吧，谁家的孩子也不能长这么快。"

"书上说是熊宝宝。"孩子说。

我们都有思维惯性，思考问题的角度就会单一化。很多时候认为千真万确的事只是自以为是。遇事应该多思考，不要急于下结论。

幽默五：

儿子问爸爸："是不是年龄越大的人见识越广？"

"是的，我现在就比你知道的多。"

"《史记》是谁写的？"

"司马迁。"

"既然年龄大的人见识广，为什么没听说过司马迁父亲的作品呢？"

我们不能轻视孩子的智慧，更不能高估自己的智慧，见识不是来自于年龄，而是来自于学习积累和人生阅历，所以我们不能故步自封。

幽默六：

老张的腿部起了一块癣状的东西，十分痒，用了许多药膏都不见效。于是，他去市中心医院皮肤科进行治疗。

"你这是角质增生。"

"我的病在腿上，没在脚趾上，你怎么能瞎说。"

"我说的角质是皮肤的表层组织，这层组织厚了会产生脱皮现象。"

有很多专业术语我们不懂。要是我们从自己的想象出发，很可能闹笑话和发生误会。这时，不如虚心去询问或耐心听讲解，才能对事物有更多的了解。

幽默七：

某届奥运会，中国男篮起用了一位很年长的教练。许多资深球迷认为，我国男篮的失败就在于教练执教理念的错误。

"打澳大利亚，开始的双控卫战术挺奏效的，非得换下来，派两个大个儿。"小高和朋友说。

"现在是小球时代，速度慢的大个儿就是球队毒药。"

"这教练一定是觉得十年前的战术更实用。"

"前朝的宝剑比不上今天的破铜烂铁。"

如果我们想成功，就要根据现在的情况随机应变，而不是拿以往的经验来解决问题，否则很可能会漏洞百出。

要想提高幽默中的智慧水平，聆听和思考是必不可少的环节。当我们知道了很多哲理，创造出的幽默才不会类似笑话。

幽默者很少说教

丘吉尔说："我时刻准备着学习，但是我不喜欢别人给我上课。"其实许多人都是如此。好为人师不是沟通，因为没有考虑对方的感受和需求。尤其是发表一些自以为是的言论，会让人觉得好炫耀、修养差。所以，就算你有智慧，也要注意说话的方式。那些被别人喜爱的说话者大多把智慧和幽默相结合，并采用和蔼可亲的态度来交谈。

两位报考中央美术学院的年轻人在一起闲聊。

"哥们儿，考几回了？"青年甲问。

"四回。"青年乙回答。

"比我多两回，有什么心得体会？"

"千万别相信'一年难一年简单'的规律。"

"难道还有更多变化？"

"去年命题组换人了，试题就像美国骑牛大赛，没准起步就失败。"

"我该怎么办啊？"

"扎扎实实学习，祈祷好运。"

青年乙有很多经验，可是他没有说具体的学习方法。因为这些方法，对方很可能都知道。于是，他用一个幽默的比喻来说明考题的变化很大。面对难以预料的事情，最好的办法就是提升绝对实力了。此等切合实际的劝说，青年甲一定会接受。

一家外资公司在办公楼前画出了一些停车位，专门留给来参观交流的外宾，可是许多员工经常占用，一些外宾来公司时只能找很远的地方停车。

对于此事，单位的管理者开会探讨解决方案。老板认为此事不适合用设立规章制度或批评的方式来解决。于是，他在午饭时间来到餐厅，希望用闲谈的方式来处理抢占车位的事情。

"你说为什么总有员工占用外宾的停车位？"老板问一名员工。

"在他们的停车位停车，能以最快时间进入公司。"

"大家工作积极，我由衷感谢，但是我们公司的发展需要外宾。要是有人想成为外宾，我可以在那里给他预留车位。"

此后，再也没有员工占用外宾的停车位。

老板肯定员工工作的同时也说明了外宾的重要性，然后用幽默表明了自己对此事的态度。每位员工都清楚，成为外宾的唯一方法就是被开除。老板这句话绵里藏针，大家都能觉察到事态的严重性，从而做出正确的选择。

如果这位老板选择郑重其事地开一次会议，公开批评占车位的员工或者宣布相应的规章制度，占车位的员工会觉得老板不近人情，可能会消极怠工。但老板却用了闲谈的方式，把问题快速解决掉，这正是说教的效果无法相比的。

上述故事告诉我们，在与人交谈的时候可用幽默来表现自己的智慧。作为聆听者，也要积极思考别人幽默中的意图，并全方位衡量自己所作所为的利弊。要是对方征求意见，也可以用幽默的方式去建议。

回答问题时，用幽默证明优秀

人们常说做人要低调，这是为了给别人留下一个谦和的印象，也更容易得到他人的帮助。可是在回答一些问题时，我们有必要展示自己的优秀，这时可借用幽默让对方了解你的实力或品质。

村上春树对一位作家赞誉有加，可是这位作家却总是贬低他。村上春树认为该作家的作品思想深刻、文笔犀利。对方却认为村上春树写的不过是畅销书，不值一提。有一天，二人在一个文学沙龙上相聚，这位作家开始指责村上春树。

"别人都说你的文字可爱，我看就像头小熊，只能让少女抱着玩耍。"

"我无法做到像刺猬，转一圈都能获得果实。"

"世人不识货，你才会有那么多追随者，难道你不觉得是这样吗？"

"我忘了你是私家厨房，我是大排档。跟你比味道，我大错特错。"

村上春树说自己的作品是大排档，实则是说自己的作品受欢迎。把那位作家比作私家厨房，是说他孤芳自赏。村上春树通过幽默反衬了自己的优秀。

一位画家到了35岁还是单身，他的母亲十分着急。

"儿子，你这么大年纪还不结婚，别人该怎么看你呢？"

"像月亮一样看我。"

"全是漠视，你承受得了吗？"

"妈，哲学家苏格拉底说，你不要追月亮，当你向前走时，它自会为你照路。"

许多人活在他人的目光和认可里，但是所做的事并非进步，只是让别人看上去顺眼。何必在意呢？人们自然会关注有发展前途的人。从画家的回答中，我们能看出他的自信和从容。

著名企业家任正非在机场搭出租车，一位记者看到后，十分震惊，马上过去采访："任先生，你经常自己搭车吗？"

"是的。"

"难道就没有人接机吗？"

"我这是回家，没有必要。"

"以您的身份能这样做，真让人佩服。"

"我的身份跟员工一样，没资格打扰他们回家吃饭。"

业内人士都知道，任正非把自己的大部分股份分给了员工。这是一个大企业家的心胸。不打扰员工，可见他平易近人的性格。

一个读初一的孩子，十分顽皮，成绩很差。父母为了解决这些问题，特意找了一名优秀教师给他辅导功课。

为了考查孩子的知识面，这位老师出题："拳打镇关西的是李逵还是鲁智深？"

"我猜是鲁智深。"

"为什么？"

"李逵是山东人，就算用长拳也打不到关西去。"

孩子的回答大智若愚。他嘴上说不知道，却换了一个角度，让老师知道他的知识面并不狭窄。

对于一些人的问题，马上给出答案并不能让对方停止发问。不如运用幽默让对方马上知道自己的能力或秉承的理念，有可能会使话题变得对自己有利。

Chapter 07

人生没有困境，
幽默就是你的出口

　　每个人都会遭遇困境，想一想吧：当你上了公交车，发现没带公交卡，又没有零钱；朋友让你吃你最不喜欢的榴梿；参加朋友的婚礼，发现一个熟人都没有……你的内心一定是崩溃的，想要找个角落藏起来。此时，可以用幽默帮你找到出口。

换个角度看尴尬，不如一笑

人生的境遇难以预料，有时候会莫名其妙地遭遇一场困境，甚至让我们无地自容。但只要我们运用幽默来改变看待事物的角度，并加以化解，前路就会豁然开朗。

判断任何事情的好与坏不能太主观，因为每件事都是多面性的。人们因为所处的立场不同及个人境界的高低之分，对问题的感受迥然有别。不妨尝试运用幽默，可能便会拥有从容不迫的气度。

换位思考

当我们遭遇尴尬的时候，不要火冒三丈，更不要马上与他人争吵。我们应该反思一下自己的行为，想一想这份尴尬是否也对他人造成了影响，他人会如何思考这个问题。

例如，我们在地铁上被人挤得难以下车，但那些挤你的人同样也是难以挪动，还要笑着对你说"对不起"。我们要是能想到这一点，就会对他人有所谅解。

当我们能站在对方的角度思考问题，并采用幽默的语言来化解彼此之间的尴尬时，彼此就不会有过多的矛盾。

晓琳的邻居家装修，她的孩子被装修的声音吓醒。她前去责问："难道你不知道我家里有孩子吗？"

"对不起，我这就告诉装修工动作轻点儿。"邻居说。

可是声音依旧很大，晓琳只能抱着孩子去她哥家。

"哥，我隔壁装修砸墙，孩子没法睡觉。"

"几点砸的？是肖叔吗？"

"一大早八点多，就是他。"

"这个点不算扰民了。"

"我就是希望他小点儿声。"

"我帮你家装修时，你还给我加油呢。"

"肖叔不也来找你了吗？"

"你知道他怎么说的？"

"不知道。"

"他笑着说，我就知道是壮汉砸墙，要不震不醒我这夜班司机。"

"他可真会说。"

"我向他道歉后。他见我活儿不多，去出租车里休息的。哥给你把家门钥匙，这两天你就住我这儿吧。"

俗话说，想装修，先砸墙。此类事许多人都遇到过，让人头疼。可是不同的人有不同的处理方式。肖叔面对晓琳的责问，可以理直气壮地说："我过八点才工作，谁也管不着。"但这会引发一场争吵。面对同样的事情，肖叔则采用了幽默的方式，他所表达的意思是，你若不是制造了这么大的声响，我不会来找你。此后，他还通过进一步观察，很好地解决了问题。

其实，生活中的许多干扰都不是人们有意为之的。大家面对的时候，换位思考一下，并采用幽默的方式来应对，就能更好地解决问题。

不要偏执

每个人都会遭遇一些尴尬的事情，但也许事情并非只针对你，所以不要偏执，抱怨不公。许多由尴尬带来的痛苦，就是因为忘了采用幽默的方式去变通，钻了牛角尖而导致的。

"你昨天为什么不接我的电话？"在办公室内，老板大声地责问员工小胡。

"昨天是您给的休息时间，我打篮球没带电话。"

"纯属借口，不想干我现在就放你走。"

"好，我这就找会计结算工资。"小胡走出办公室。

"小杨，你为什么也不接电话？"

"我跟小胡在一起，也没带电话。"

"你是想走，还是罚500元，留用察看？"

"我还是走吧。"

小胡和小杨领完工资后，找个小饭馆吃饭。

"我听见老板说罚你500元，但对我就不留情面，亏我认真工作这么久。"

"留我是一个人干两个人的活儿，还要降工资，真精明。"

"我看他不是精明，是自我膨胀，别人的周末为什么要以他为中心？"

"所以我也辞职，再大的重量也配不上不断打气的氢气球。"

错误明明出现在老板身上，可是他却对员工挑剔指责。老板辞退员工并不是有针对性的，究其原因是他把自己看得过重，苛求员工。员工就算再努力，也很难让他满意。因此小杨运用幽默来形容一个人自我膨胀时给他人带来的影响。这就好比不断打气的氢气球，你根本实现不了他的要求。离开这类人或许是更好的选择，能给自己带来一份快乐和解脱。

从另一方面看问题

当下许多人选择减脂瘦身，但是经科学验证，脂肪对内脏有很好的保护作用。可见，任何事物都是多面性的，我们不可只见弊端，不见好处。

世界搏击冠军彼得·阿兹的横扫踢犀利沉重，挫败了很多高手，因此他被业内称为"伐木工"。据悉，阿兹为了提高横扫踢的速度和力度，每天做40组大重量快速深蹲。

阿兹获得第三个世界冠军时，记者问他："你为什么对深蹲训练如此狂热？"

"因为我的老师说我身手不协调，像个笨蛋。现在我必须感谢他，他让我反思如何靠单一招式取得胜利。"阿兹幽默地说。

阿兹是聪明而且有勇气的。他从老师的评价中看到了自身的不足，于是采用了幽默的思考方式，并进行自嘲。例如，他说老师说自己像笨蛋，这只是客观的评价，但人是有能动性的。现在观众眼中的阿兹是动作迅猛的。他自称笨蛋和观众的印象形成了巨大的反差，会产生一种幽默感。

"上帝在关闭一扇门的同时，也打开了另一扇窗"，这不只是一句安慰他人的话。我们换个角度去思考问题，同时加强执行力，也会获得成功。

每个人都会遇到尴尬，关键在于如何转化。我们可以借助幽默，对他人多一份理解和宽容，对自己多一份认可和激励，何乐而不为呢？

听众冷场，换种幽默的方式

为什么有的人以幽默为表达方式，却让听众不胜其烦，纷纷离场？据调查，让大多数听众无法忍受的并不是谈话的内容，而是让人感觉枯燥无味的演说方式。

谈话并非小品、相声，很难在里面穿插歌唱、表演等搞笑元素，长时间的讲述难免给人枯燥的感觉，因此我们不妨在其中加入故事来调剂。下面我们来看看，加入故事后表达幽默的要求和技巧。

不要重复

幽默如茶，反复去泡不仅会味淡如水，还会引起他人的反感，所以好的东西必须要有所节制，才能让人接受。

不要太牵强

我们写作文的时候最怕跑题。说话也是一样，不要选择跟主题关系不大的故事，会给人一种莫名其妙的感觉。大家不认可你的故事，自然体会不到故事中的诙谐幽默。

一家保险公司给新员工做培训。主管说："关于保险这一行业，大家一定认为口才好最重要，其实贵在坚持。"随后，他讲了寓言故事《玉米熟了》。

这则寓言说的是：一株长得非常好的玉米，认为自己必然被主人先摘下来，可是一直等到心灰意冷也没被主人发现。眼看就要下霜了，主人才看到了它，欣喜地说："我要选它做种子。"

培训结束后，几位员工说："主管讲的故事最适合高考复读班。"

保险公司做培训，主题是帮员工增加销售额，因此讲述"坚持"时应该结合坚持的方法和最终所能取得的效果来展开，可是主管却讲了一个关于等待的故事，显然是跑题了，员工也体会不出故事中的幽默感。还不如讲主动出击、百折不挠的故事。

话题要与听众有关

加入故事并且对故事进行解析的时候，要尽可能把话题引到听者身上。要是听者觉得你说的话没有借鉴意义或难以理解，可能会拉大彼此之间的距离。

小董是个月光族。他的母亲多次劝他攒钱，可毫无用处，于是她给他讲了以下这个故事：

一个穷人忍饥挨饿，难度年关。富翁送他一头牛，希望他开春后好好种地。可是他没钱给牛买草料，就把牛杀了，留下一半肉用来吃，余下的换了两只羊。没过多久，他连羊也养不起，又换成了鸡。一天夜里，黄鼠狼偷走了没有窝栖息的鸡。于是他最终还是个穷人。

小董听后，明白了母亲讲故事的用意，开始攒钱。

没有积蓄的人，就算给他机会，也会因为眼下生计而放弃。要是再遭遇意外，很可能就会忍饥挨饿。这个话题和小董的生活太接近了，他马上便能理解和借鉴，所以愿意听母亲的话。

晚些揭晓悬念

许多故事中的悬念可以用来提问或互动。如果我们利用得好，可以增强演说的趣味。如果太早揭晓答案，则浪费了故事的价值。

以上就是我们面对冷场时，可以带来改变的幽默方式。要是能够综合运用，将极大提升对听众的吸引力。

学会用幽默克制冲动

说到冲动，大多由当事者不够理性所造成。通常的表现是与人争辩、谩骂，却不去想解决问题的办法。成熟而有智慧的人大多会用幽默克制自己或他人的冲动，并处理好问题。

一位富翁几次登门求一位著名画家为自己画一幅肖像画，酬金为5000英镑。画家精心为他画好后，富翁却拒绝支付酬金，并愤怒地说："你画得跟我一点也不像。"

不久，画家在美术展览会上展出了这幅肖像画，题名为《无赖》。富翁知道后，十分恼怒，打电话给画家，说："你怎么可以攻击我的人格？"

"这画上根本就不是你，你又何必对号入座呢。"画家很平静地说。

富翁不得不买下这幅画，并自我安慰："画家这样画自有他的道理。"

画作如果真的不像，富翁可以提出修改意见或重新议价，而拒绝支付酬金的行为则等同于无赖。画家克制住冲动，采用幽默的行为来表达自己的不满。像与不像，他人知道，富翁也自知，只能交出酬金。

有些问题我们无法用行动来解决，但是可以通过幽默的语言让对方承认自己是无理取闹。

一家公司的安全门坏了。老板打电话叫来开锁工，问："开锁多少钱？"

"你这样的铁门100元。"

开锁工忙活了半天也没有打开。

"老板，你的门不是锁的问题，而是门框一头下沉，插锁就翘起来了。"

"那有什么办法？"

"只能把锁废掉。"

"得多长时间？是否还得加钱？"

"时间说不好，但是得再给加50元，因为它现在是力气活了。"

"钱不是问题，你只要能把门打开就行。我有事先走，你找会计结账。"

开锁工累得汗流浃背，终于把门打开了。

"你把门锁弄坏了，我得扣你80元。"会计说。

"老板跟我说好了，只要能把门打开就行。"

"就你的开锁法，我买把大锤也能做到。"

"我相信你的力量，但是不相信你还能当喷漆工。"开锁工笑着说。

会计只好给钱。

开锁工只是破坏了锁，而若是按照会计的方法来，可能会毁坏门，造成的损失要远远超过一把锁。因此，开锁工不在是否该扣80块钱这点上纠缠不休，而是幽默地谈利益，这是会计最应该明白的道理。

生活中让人不快的事情还有很多，例如闷热的天气、嘈杂的声音、不断的干扰等，我们都可以用幽默来淡然处理，这样能减轻自己的不悦和焦虑。

自我介绍，需要幽默

　　当今是提倡自我推销的时代。在自我介绍时，如能给对方留下好印象，对希望实现的目标将起到事半功倍的作用。可究竟怎样的自我介绍算优秀呢？有人认为要炫耀能力、自我吹嘘。前者过于张扬，会让人觉得轻浮；后者会让人觉得虚假。不如运用幽默，让大家觉得你有趣，这能让你更受欢迎。

　　网上有一篇文章叫《微信头像代表你的性格》。现在，微信成了别人了解对方的一个重要窗口，我们会先注重它的有趣性，随后衡量使用者的性格和能给自己带来的帮助。例如，一名男子的微信名叫"肥美青年"，头像是一只漫画版的斗牛犬在喝啤酒。也许会让人觉得该男子是个会享受生活的人，职业可能是销售。此外，明信片也是这类无声的自我介绍。例如，一个宠物店的老板给自己的爱犬做明信片，而且会在店门口免费发给路人。他说，人们谈论我的狗，觉得它有趣，连带就会提到我。

　　当我们用语言来做自我介绍时，也要秉承无声推销的优点，例如新颖、有趣、吸引人。

　　美国摔角巨星高柏，38岁退出擂台，50岁回归。新闻发布会上，记者对他进行了采访。

　　"高柏，你为什么会在这个年龄选择回归擂台，难道是热忱吗？"记者问。

　　"不，是因为我的儿子。"

　　"他也是个摔角迷吗？"

　　"是的。"

　　"他喜欢谁？"

　　"'海报男孩'洛克。"

　　"那他为什么非要看你的比赛？"

　　"他的朋友告诉他，这个帅气的家伙在我面前会大惊失色。"

"可是这次你的对手是有'巨兽'之称的莱斯纳，你决定怎么对付他？"

"当我用绝招'长矛冲刺'撞倒他的时候，他那些准备自夸的语言都会夭折。"

高柏的这种介绍方式，如果放到日常生活中，别人会觉得言辞过于自夸，但是在新闻发布会上则显得有趣、新颖、吸引人，而且起到商业造势的效果。例如，他称40多岁的动作巨星洛克为"海报男孩"，听众一定出乎意料。说到如何打败莱斯纳，他的话语所表达的意思是，比赛还没开场就先把对手打翻在地。我们在高柏的自我介绍中听到的是幽默和自信，所以会一直期待比赛的开始。

自我介绍的原则是符合情景及适度，过度自夸会让人产生反感。

李薇在网上看到一家心仪的广告公司。此公司离家近，还是上市公司。只是招聘条件规定，年龄不能超过30周岁，可李薇已经34岁了。于是她给负责招聘的经理写求职信，内容如下：

"我叫李薇，给您写这封信的时候，好比歌手金池要参加《中国好声音》一样。若有幸得到面试机会，也会像她在台上忘记年龄那样展现自我。此外，我家就在附近，也许能弥补精力上的一点不足。"

一天后，李薇得到该公司的面试通知。

李薇拿自己跟金池做比较，招聘的经理就能猜出她的年龄：不过是大了一点。至于工作态度，李薇含蓄地表达了忘我精神。最后她还提及自己家离公司近的优势。此等条件跟其他应聘者来比没有一点劣势。

自我介绍时采用幽默的方式，才不会像简短陈述那样难以留下印象；不会因冗长，让人找不到重点；不会因无趣，让人不想继续听。因此，自我宣传时要具备幽默的能力。

用幽默将错就错

每个人都不愿意说错话，但难免有疏忽的时候。大多数人犯了错误以后，总想极力改正，反而因慌乱影响了说话的效果。其实有些情况下，我们可以运用幽默将错就错，并把幽默变成事物不可或缺的一部分，从而很好地掩盖自己的错误，甚至能获得意想不到的效果。

王老师给学生们讲白居易的《忆江南》。其中有一句"日出江花红胜火，春来江水绿如蓝"，他向同学们解释说："江上的浪花在太阳的照耀下比火还红艳，春天的江水跟蓝花一样绿。"

王老师还想往下解释的时候，一位学生举起手，说："老师，我看过这首诗的译文，说江花是江畔红花，'蓝'字是指蓝草不是蓝花。"

在这名学生的纠正下，王老师马上意识到了自己的错误，可是他没有承认，而是幽默地说："很好，我向大家展示的就是，解析作品不分析背景而可能出现的错误。诗歌的背景是春天，因此正确的解释为，太阳照在江畔的红花上，看上去比火还要红，春天的江水颜色如同蓝草一样。同学们知道什么是蓝草吗？"

"不知道。"

"它是给衣服染色的原料，青绿色。"

王老师先幽默地说自己的翻译是许多同学可能会犯的错误，随后很准确地解释了"蓝"字的意思，不仅化解了尴尬，还让人觉得他的教学方法很新颖，能够提高学生们的学习效率。

电影《手机》中，学者费墨写了一本书，请好友严守一写的序，研究的课题是说话的艺术。宣传活动中，主持人问严守一："为什么你不出一本书？"

"我出书只能逗人一乐，不像费老师这么有指导意义。他说人类没有创造语言之前，靠肢体动作表达目的，比如跳一段舞。要是撒谎，可能比画半天别人也没有听明白。后来语言产生了，说谎变得非常简单。"

听众大笑。

主持人走到严守一面前，说："我想邀请你跳段舞。"

严守一说的话过于夸张，但是主持人用邀请他跳舞的方式将错就错，这幽默十分巧妙，而大多观众会期待严守一跳舞。

乾隆皇帝与皇太后南巡，一行人来到万松山行宫。皇太后看着行宫前的长河问乾隆："此河叫什么名字？"

这条河叫祊河，因为读音为"崩"，是皇家忌讳的字眼，乾隆爷不知道该怎么回答，只好让和珅来回答。

和珅非常机灵，忙说："此河知府李大人应该知道。"

知府不敢回答，推给知县。知县无可推诿，跪倒在地，说："启禀万岁，此河流经此处，如水田般方正平缓，故当地人称之为方河。"

"这个名字取得好，让朕联想到国泰民安。"

乾隆明知道知县的回答是错的，但是将错就错，能避开皇太后的忌讳。知县也十分聪明，他说当地人叫方河，乾隆爷不能治他欺君之罪。

有些时候，一些错误不便及时纠正，甚至不能纠正，那就幽默一下，能起到缓解尴尬、引起关注、避实就虚等作用。大家可以根据情况灵活运用。

用幽默给自己设台阶

　　人们常说："低调做人，高调做事。"但人生难免出现食言的时候，被人询问起来十分难堪。这时，我们可以用幽默给自己设一个台阶，让别人知道你所面对事情的难度。还有一种难堪是，尽管高调做事，结局却不尽如人意；当然，这也可以借用幽默让别人知道你虽然没有成功，但也已经竭尽全力了。

　　小马从沈阳工业大学毕业后，立志要考同济大学计算机专业的研究生，可是他的专业课成绩并不出众。

　　"小马，就你那实力，不得考到猴年马月啊。"相识多年的好友说他。

　　"要是用三年时间能实现理想，我此行当坚毅。"

　　"别怪我说话不中听，你要万一没成功怎么办？"

　　"那就永远也不要相见了。"

　　三年一晃就过去，小马还是没实现目标。初中同学十周年聚会，小马和好友相见了。

　　"小马，考上没？"

　　"没有。"

　　"可我们还是相见了。"好友笑着说。

　　"俗话说，怕什么来什么。"小马很幽默地说。

　　"哪一科失利了？"

　　"专业课。"

　　"书没看到吗？"

　　"不是，是出题人换了。"

　　"题是难，还是偏？"

　　"偏，好比苦心造船，沧海却成桑田。"

　　"不提了，我们干一杯。"

对有些人来说，成功十分不易，更何况是出现了意料之外的情况。小马借用幽默说出了自己的努力和无奈，好友自然会理解他的难处。

一位音乐爱好者写了一首歌，感觉歌词有缺陷，就找作词的好友帮忙修改。好友向他保证，一定修改到位。

音乐爱好者写的歌词中用了很多没有意义的形容词。例如，非要在"火焰"前面加上"温暖""明亮""燥热"等修饰语。有的句子长达20多字，想要演唱很难。好友费了很大力气，才做到简洁、整齐，利于演唱。

音乐爱好者让好友再加点修饰语，只用一个他嫌不够。好友只能无奈地说："再漂亮的新娘也不可能戴两个凤冠啊。"

俗话说，秀才遇到兵，有理说不清。那位作词的好友遭遇的正是此类事，但是朋友一场，不适合说出贬低的话，只能用幽默告诉对方，我已经尽力了，你的要求我没有能力做到，然后婉转地推掉修改请求。

每个人都会遭遇一些难堪的时刻，有些要求你就算使出双倍的努力也无法达到。例如，一位科学家有口吃的毛病，为了让大家听清楚他说话，只能降慢语速。一位记者采访他时，一再催促他说快点，他说："我要快的办法只有一个，就是少说。"

我们用幽默设台阶，不仅能躲避难堪，还能让事情朝着对自己有利的方向发展。因此在日常交流中，大家可以把"用幽默设台阶"当作常用工具。

丢脸也可秒变笑点

如今，人们爱用"囧"字代替"丢脸"这个词，指失态、难堪。这样的事在生活中十分常见，有时候会让人觉得无地自容。其实，我们完全可以用幽默把丢脸转化成笑点。例如，著名球星奥尼尔在季前赛扣飞了篮球。面对采访的记者时，他说："我是季后赛选手。"观众都觉得他的回答很好笑。我们面对丢脸的事情时，也可以用幽默转移话题，并使大家开心。

林林参加了一个书画培训班。午休的时候，他会到邻近的篮球场打篮球。有一天，天气特别热，他回到教室时十分口渴。他四下望去，发现好友小象的桌子上有一瓶可乐。

小象一进教室门，林林就喊："小象，我要喝你的可乐。"

还没等小象回话，他就打开盖，痛饮一口，然后张大嘴吐出来。

"那是我的涮笔瓶。"小象笑着说。

其他同学也大笑了起来。

"我这是胸藏文墨怀若谷！"林林说完，去开水房漱口。

"胸藏文墨怀若谷"通常被用来与"腹有诗书气自华"对仗。林林在出丑的时候，居然想起了大家习字常写的内容，很好地转移了大家的视线，让人觉得十分幽默。

小张和阿龙与别人进行台球双打，阿龙技术差，经常打不进必进球，但到了防守的时候，成功打飞了对方放在洞口的球。

"神奇啊！"围观的观众高呼。

"张哥，我觉得学拔牙我一定是个好手。"

大家都笑了。

在这家台球馆，大家把放在洞口的球叫"镶球"，所以阿龙把成功的防守称为"拔牙"，十分形象，让大家忘记了他出丑的那一刻。

小红是一家公司的文员。一天下午，她异常忙碌地打印文件，累得头昏眼花，路过饮水机旁时，踩到了地板上的一摊水，滑倒在地，手里资料散落一地。听到声音的同事看着小红，偷笑不已。

"今天表演老马失蹄，就是要给大家提个醒，接水时别把水弄地上。"

小红的处理方式很恰当，不仅缓解了自己的尴尬，还指出了别人的错误，一举两得。

可能每一个人都有过丢脸的事情，既然已经出丑了，掩饰和逃避也改变不了事实。这种时候倒不如不去在乎这件事，想想如何运用转移话题、顺势而行等幽默方法来缓解尴尬的局面。

用幽默维护体面

俗话说："人活一张脸。"讲的就是体面。可到底哪种状态才算是体面呢？京剧里塑造人物性格讲究一站一戳。吕布站姿卑微，周瑜站姿骄傲，唯有赵云不卑不亢。这是留在表面上的体面。内在的体面是指表里如一，让人觉得你是一个真实、从容的人。下面我们就来看看，如何用幽默来维护自己的体面。

反向证明

大多数人在遭遇尴尬的事情时会落寞和沮丧。如果我们想要克服这种情绪，就要反向证明我们并没有真正处于不幸之中，这样才能通过幽默来告诉别人，这件事对我们来说不算什么，甚至还能从中发现有趣的一面。

大文豪泰戈尔在欧洲访问期间，遇到了一位傲慢的贵族夫人。这位贵族夫人对他说："泰戈尔先生，我读过你的诗歌、戏剧、小说，它们都不如你的名字有威严。不过说实话，你的胡子让你看起来很像一个古国的国王，你为什么要留这么长的胡子呢？"

泰戈尔说："至少能给以貌取人的人，找一个和我交谈的理由。"

贵族夫人贬低泰戈尔，这是件让人尴尬的事。可是泰戈尔用幽默反击了那位夫人，说她以貌取人，从而维护了自己的形象。泰戈尔的反向思维是：你不是一个懂文学的人，文字的尊严不在于写得凛然不可犯，而在于能启迪和感动他人。若是与外行计较的话，才是有失体面，何不为赞美而高兴呢？有了这种想法，自然会表现出宽厚的态度。

与他人进行交流

有人遭遇尴尬后，选择沉默不说，这样他人只能猜想你的本意。可是这种猜想往往离你的心境太远，大家无法了解你真实的一面，也就不知该如何接近或尊重你了。

宿舍内，小谢正拿着手机给女朋友唱歌。此时已经十一点了。对头床的老马被吵得无法入睡，气得砸墙。

"是不是你们大哥不满意了？"小谢的女朋友问。

"大哥又做噩梦了，他就不是那种人。"

小谢这么一说，老马只能等他打完电话再睡觉了。

次日，寝室里的小龙笑着问老马："大哥你说说自己到底是哪种人？"

"忍无可忍还需忍，老大难的人。"

小龙向老马竖起大拇指。

要是老马不跟小龙交流，小龙怎么也猜不出，老马的沉默来自年龄大的他对弟弟们的无礼的包容。正是这次交谈使老马获得了弟弟们的尊重。

微笑

遇到不如意的事要微笑以对，这是幽默的一种外在表现。这样不仅可以稳定自己的情绪，还能让对方觉得你从容稳健。要是你还能良好地处理尴尬，他人自然愿意与你接近。

用幽默来维护体面需要豁达的心胸、幽默的语言、淡定自若的神情，若是能将三者完美地融合，必将散发出不凡的人格魅力。

Chapter 08

职场并非战场，
幽默一点更给力

职场对许多人来说压力重重，想突出重围，不仅要有战略、战术，还要有不急不躁的心态。对于以上要素，幽默可谓兼容并包。面对职场中复杂的人际关系，我们可以用幽默作为润滑剂处理上下级的关系，从而使工作效率大幅度提高。

幽默是职场的润滑剂

在这个瞬息万变的时代，混迹职场的许多人都感到压力巨大。除了要不断提升技术水平，还要处理复杂的人际关系，仅后者便让许多人头疼不已。领导不善于交流，会有人员流失的危险；员工不善于沟通，会被孤立，严重影响工作的顺利进行。

正是因为有上述问题，一些管理学家指出，企业要以幽默为润滑剂，才能确保团队顺畅的合作，取得更快的发展。一些企业主管认为，幽默能决定一个人的成与败。

管理者要幽默

人们常说："上行下效。"管理者要是歇斯底里、自怨自艾，员工则容易悲观消极；管理者要是幽默，员工则积极乐观。

一家中小型公司的效益不好，老板决定减少销售人员的年终奖。一名销售员提出抗议。

"老板，销售业绩差的主要原因在产品，并不是我们不努力，所以我无法接受您降低年终奖的做法。"

"其他公司的产品也不比我们强，为什么销售额是我们的几倍？"

"那是因为他们老板给的活动经费多。"

"我给得不多，你就不会集中财力办一件大事？就是能力差，什么都不用说了。"老板大声说。

几位销售人员因为年终奖的减少，先后辞职，公司的效益更差了。老板无奈地跟其他员工说："当下做老板要比做员工难多了，员工一不满意转身就可以走人，老板却得待在这儿干耗。"

一些员工觉得老板过于悲观，很难带领大家走出困境，也萌生去意。

在另外一家中小型公司，骨干员工李兵辞职。该公司的老板笑着跟大家说："李兵是我最喜欢和最信任的员工，但是他最爱的是自己的孩子，我才特批他回家相妇教子，做兼职。你们要是得到我的认可，也可以当'坐家'。"

员工们听到老板这么说，觉得他很有人情味，自然十分努力地工作。

同样是面对员工的离职，不懂幽默的老板让员工觉得他举步维艰，而懂幽默的老板让员工觉得他不仅有趣，还有人情味。李兵是个男员工，老板说他"相妇教子"，就是可以回家陪妻子和孩子的意思。留守儿童的问题已经成为今天的热点，该老板的决定符合众望，大家必然会努力工作来感谢他。

员工对上司也要幽默

在职场，许多员工秉承"多干活，少说话"的理念，有时候会感到压抑委屈。可是有些问题靠这种方式不仅难以解决，还会因为误会给自己带来巨大的损失。其实，这些问题都可以通过幽默来解决。

魏星在北京的一家影视公司做策划，工资虽然不高，但是她很喜欢这份工作。有一天，她接到母亲的电话，让她回家参加省里的公务员考试。为此，她以重感冒为由，请了两天假。

她回到公司后，老板让她去办公室找他。

"我去你家看你，你不在，到底干什么去了？"老板脸色阴沉地说。

"回家参加公务员考试。"

"是不是一考上马上就辞职？"

"老板，我的本事全在工作上，考上那是传奇。"魏星笑着说。

"那为什么有此一举啊？"

"此行好比唐琬别陆游，情非得已。"

"那今天准你再休息一天。"

这件事如果魏星缺乏幽默，就难以表达出自己工作认真的意思。自比唐琬，老板就会知道她是母命难违，只是应付差事，以后还是会在自己这个单位认真工作。

对同事也要幽默

在职场，合作时间最长的就是同事。大家要是团结一心，个人的才能便能得到充分的发挥；若彼此孤立，则会困难重重。而维系和同事间的良好关系，离不开幽默。

　　一家公司对员工进行拓展培训。爬山时，有一名很胖的男员工拖慢了他所在小组的速度。看到大家失望的神色，他说："我已用尽洪荒之力，但效果不明显，等拔河时能好点。"

　　男员工自嘲自己的速度，逗乐了所在小组的同事们。一个胖子拼尽全力爬山也不会快太多，这是事实，但是拔河时他拼尽全力则能给大家很大帮助。同事们看到他为集体所做的努力，自然会谅解他和信任他。可见，幽默能让职员之间建立友好的关系。

　　要想在职场上获得成功，比在学校学好一门知识复杂很多。如果你处于领导的位置，除了要有专业知识外，还要能鼓舞士气，带动员工发展，帮大家解决工作或生活上的难题等，才能得到员工的拥护和信任，否则你将一事无成。而作为员工，在上司和同事的帮助下才能更快地进步。幽默会成为你和众人沟通时的润滑剂，帮你轻松应对发展道路上的挑战。

幽默的员工更受大家欢迎

在单位，同事遇到苦恼的事情，大多会去找幽默的员工倾诉。因为幽默的员工不仅能耐心地聆听你的苦恼，还能给你安慰和帮助。这样的人谁不欢迎呢？如果这人还有自己独特的见解和幽默方式，就更受同事喜爱了。

几位员工过了正月十五才回单位上班，当月的薪水比以前多扣了几百元。他们当即去找会计。

"为什么扣这么多？"一名员工大声责问。

"以前是按照每月30天扣，现在是按法定节假日扣。"

"既然改了规定就应该早通知。"

"我也没想到你们会回来这么晚。"

"大家都是同事，你就不能先给我们打个电话？"

"我回来后就一直外出，以为你们的主管会通知你们，没想到他也回来晚了。"

员工小李没有愤怒，他对会计说："我知道，你要是有朝令夕改的权力，大家都能吃回扣。一会儿能不能陪我去找老板谈谈？"

"我们这就去。"会计说。

后来老板决定下个月再执行新规定，大家都很感激小李和会计。

在职场，许多员工会对决策的执行者发脾气，从而影响同事之间的感情，但是这不能解决问题。小李则以幽默的方式告诉大家，会计跟大家有着共同的利益，大家不应该跟他发脾气。随后，他动员受委屈的会计和自己同去找老板，这才是解决问题的正确方式。

员工之间总会有合作的机会，但有时实现的效果不符合对方的本意。若是能用幽默的方式表明自己的态度，对方会期待下一次跟你合作。

　　一个文工团举办诗歌大赛。小叶上交一首温馨的爱情诗，丹彤用古筝伴奏朗诵，伴奏乐曲是《水中花》（乐曲和诗作的基调并不相符），居然获得了一等奖。之后丹彤找了小叶，要跟他聊聊关于选曲的事情。

　　"你的诗歌要表达什么意思啊？"丹彤问。

　　"赠人玫瑰，手有余香。"

　　"可是你开头的两句有种凄美的感觉，但愿我没选错伴奏曲。"

　　"你选的曲是我的心境，我选的《春风十里》（另一首曲子）是我的向往，一样好。"

　　"被你夸到不好意思，我就这么一首最擅长的伴奏曲。"丹彤笑着说。

　　丹彤领悟错误，但是小叶说她选的曲符合自己的心境，这是对对方的尊重和肯定。丹彤的回答在幽默中也可见其真诚和认真。她用心选了伴奏曲，而且尽自己最大的能力去表演。大家都会喜欢这样的合作者。

　　除了工作关系中，大家聚会、聚餐、旅游时，幽默的员工也十分受欢迎。

　　清晨，旅游大巴就要启动，范老师一拍脑袋，说："我还没还旅店的门房卡。"

　　同行的许多老师面有怨色，让范老师很尴尬。

　　"范老师对这里是流连忘返啊！"李老师笑着说。

　　"老李这可怎么办啊？"

　　"我去帮你问导游，他自有办法。"

　　在旅游中忘记些事情很正常，不必责怪。李老师用幽默让范老师看到了自己的大度。此外，李老师还帮他想到一个切实可行的办法：去找导游，导游在此地会认识很多人，一定能把门房卡还回去。

　　幽默能让同事之间的关系变得无比美妙，可将对立变成合作，不满变成欣赏，烦恼变成快乐。让我们用幽默和大家和谐共进吧。

幽默的员工，更受上司青睐

许多员工说，我的生活就像老歌《我的未来不是梦》——流着汗水默默地工作，却遭受冷落。为什么会这样？因为在职场，埋头苦干有时如沙里藏金。老板没有关注你，又怎么可能赏识你呢？因此不如采用风趣的语言和领导交流，也许会收到让人意外的效果。

一家网络公司招聘软文专员，小范应聘成功。有一天，老板过来检验工作。

"这位员工，你打字的速度好慢啊。"老板说。

"所以我才来您的公司应聘。"

"难道招聘启事上没写应聘者必须能熟练操作电脑吗？"

"写了。可上面说稿件质量最重要。"

"有时间我一定看看你的文字水平。"

"我水平不高，但坚信慢工出细活。"

后来，老板认真看了小范写的稿子，对他十分认可。

小范面对老板质问时，借助了幽默的力量。首先，他的回答让老板对他产生了好奇。然后，他从侧面说自己重视文字的质量，吸引老板去看他的文字。小范之后对工作态度的表达才是所有老板最喜欢听到的。态度决定高度，老板对小范有好感，必然会验证他文字的优劣。

当下，大多数上司都拥有很高的情商和智商，若想被他们赏识，就要不断提高自己的说话技巧。而幽默最大的优势就在于普遍适用性。

搬家公司的汽车挡住了一辆违停的轿车。轿车上的男士走下车，叫正在搬运的工人把车挪开。

"对不起，先生，司机在楼上，我随活儿上去，叫他下来。"

"你这就去，我等不及。"男士以命令的口气说。

"你等不及，就应该在停车区停车。"

"老子的车爱怎么停就怎么停，你管不着。"

"爷也没义务替你跑腿，你自己找出路。"

就在二人剑拔弩张的时候，工头和司机走下楼来。司机挪开车，让男士开车出去。

"小赵啊，我们在外面干活不要跟别人置气。"工头对搬运工说。

"头儿，他违章停车，却像个特派员似的，让我马上找人挪开。我这活儿虽常常要'背弓屈膝'，但不等于低三下四。"

"你说得对，中午我给大家改善伙食。"工头说。

在外面谋生活的人讲究和气，搬运工用幽默先交代了他和男士发生冲突的原因，后说自己的工作虽貌似卑微，可依旧有人格尊严。这句话让工头看到了搬运工的男儿骨气，所以决定犒劳大家。

我们有时也会跟上司产生一些矛盾，这时如果用对幽默，可赢得上司的理解和信任。

老板："你这篇是我见过最差的新闻稿，你是不是糊弄我？"

职员："老板，您该知道我没这个胆。"

老板："你这句话是什么意思？"

职员："老板，我把原稿给您。您是否让我出塞，我静候消息。"

老板看过原稿后，更换了审稿员（原来是后来的审稿员把原稿给改错了）。

员工用昭君出塞的典故来证明原稿很优秀，老板马上就意识到出错的是审稿员。这种默契来自二者文化的交集。老板更换把关人员，正是对员工劳动最大的尊重。

幽默可以帮助员工获得老板的赏识，但是切记要把握好度。美国人力资源管理学家科尔曼认为七分工作、三分口才比较好。如果用大量的时间陪上司谈话，会让人觉得华而不实，因此能力和口才都要提高。

给上司提建议时，运用幽默更易被接纳

在职场中，下属向上司提建议是常有的事，但有些提建议方式令一些上司难以接受。其实，并非这些上司固执，而是我们提建议的时候忽视了技巧。在诸多提建议的方式中，情商高的员工大多青睐幽默的表达方式。

一家广告公司的年终总结大会上，老板让大家说说对公司发展的建议。员工小宇说："我觉得公司的一些制度很不利于发展。就说迟到这件事吧，迟到1分钟加班1个小时。人工作8个小时，大脑就几乎停止运作了，这分明就是浪费时间。物价又涨了，地铁也已经告别2元时代，可饭补不涨，车补也没有，不利于招聘新人。"

老板脸色阴沉地问："其他人还有什么意见？"

大家都默不作声。

"散会，傍晚五点蜀香鱼府聚餐。"

晚宴上。老板说："有几位员工还是第一次参加聚餐，我很想看看大家的酒量啊。"

小超居然要了一坛二斤装的"女儿红"。

"小伙子很豪爽啊！"老板说。

"这酒不给力，全喝了也不会打醉拳。"

到了九点，老板又请大家唱歌。小超决定不去。

"大家难得一聚，你就那么着急回家吗？"老板问。

"老板，赶不上公交，我就得坐地铁回家，相当于白扔一盒土豆丝盖饭。"

不久后，老板修改了公司制度。工资看绩效；饭补涨100元；车补每月150元；上班时间向后推迟半个小时。

两名员工都提出了建议，而且所说的事情也一样，可是老板对小超的话有更多的反思。员工毫无效率地加班，对公司的收益帮助不大。上例中小超用喝"女儿红"来暗指（"全喝了也不会打醉拳"）。小超说坐地铁的费用跟土豆丝盖饭差不多，一是告诉老板地铁费用高，二是说大家的饭补只能吃很廉价的食物。此等待遇招新人的确很难，也不利于留住老员工。老板为了公司的发展自然会修改制度。

面对上述案例，我们也可以向老板提议涨工资。可工资问题是职场高压线。老板若是觉得你能力不足，很可能会把你开除。因此要结合自身能力，借用幽默，巧妙地向老板表达自己的要求，老板才会接受。

王军在一家影视公司工作，主要负责电视剧剧本的采购。因出众的审美眼光和谈话技巧，他用很少的钱就买到了质量上乘的作品，帮公司获得了巨大的收益。

老板非常高兴，对王军说："好好干，以后我不会亏待你。"

"我必然争做快马，但希望老板给点鞭策。"王军笑着做出甩鞭子的动作。

"放心吧，我一定会的。"

不久，老板给王军加薪。

古人说："无功不受禄。"员工要求老板加薪的时候也要遵守这一原则。王军就是如此，还选择了老板高兴的时候提建议。他的幽默很高超，从用词上来讲，他说的是"给点鞭策"，显然要求不高，至于涨多少薪水也由老板决定。只是一句话，既表达了自己努力工作的决心，又实现了加薪的目的。

在工作中，每一个员工都有自己的工作理念，跟上司的要求可能会产生矛盾。要是我们一味相信老板的决策永远是对的，有时会损害自己的利益。这时可采用幽默的方式让上司对自己有一个清醒的认识，并改变自身的做事方式。

牛老板给员工安排的宿舍离公司很远。员工若加班太晚，只能搭车回去。员工大杨在第五次搭车回家后，愤怒到了极点。若是因工作回家晚他还能接受，可有三次是因为要陪老板打羽毛球。

老板每周二下午会带员工打球，说是为了让大家放松身心，可又让他们加班补回打球花费的时间。大杨一点也不喜欢打羽毛球，老板还总拿他练扣杀。见他捡球慢，老板会大声训斥："男孩子就不能动作利索点。"

又一个周二，老板再一次训斥大杨。

"老板您这是累我筋骨，伤您心脏，得不偿失啊，我看您还是找个陪练吧。"

"我要是找陪练，还要你们有什么用？"

"当观众，既能放松身心，又能预防加班时睡觉。"

浪费别人的时间陪自己玩，这不叫关心他人，而是随心所欲。大杨以幽默的方式告诉老板，打球只会让大家疲惫，进而影响工作，他应该到此为止。

面对上司，提出建议时既要幽默，又要合理。只有这样，我们才能获得更好的待遇，更顺畅地工作，获得更大的成就。

上司有疏忽，提醒要幽默

古人说："智者千虑，必有一失。"就算是再优秀的上司也会有决策失误的时候。我们作为员工，如果选择视而不见，可能会损害自己的利益；但若是提建议的方式不对，上司不仅不会接受，还会对下属产生厌恶之情，造成难以想象的后果。

下属向上司指出错误是很微妙的事情，只考虑公司的发展远远不够，还要顾及上司的个性。要是遇到以尊严为重的上司，自己都有可能被开除。就像历史上，康熙帝已经下旨废太子，此时若再有臣子敢进谏，很可能会受到"降级处分"。所以，发现上司的疏忽时与其直言不讳，倒不如幽默地给予提醒。

李宗盛为一家影视公司制作电影主题曲，到了约定的时间还是没有上交作品。导演几次来电催促均无结果，便登门造访。

"宗盛，你要是这周还不能上交作品，别怪我对你拳脚相加，我可是从来都说到做到的。"

"如果写歌也能拳脚并用，还不动脑，我早就提前完成了。"

影视公司约李宗盛作曲，该公司就是李宗盛的"上司"。到了约定的时间不交稿，自己必然要承担一定的责任。导演登门催促，对搞创作的人确有考虑不周到的地方，但也在情理之中，所以李宗盛采用了幽默的方式来提醒导演。从操作方法上，作曲不能手脚并用，必然会影响速度。此外，作曲需要构思，要消耗很多脑力，很难一挥而就。导演听到李宗盛的提醒，自然会理解他的难处，多给他一些创作的时间。要是李宗盛直言完成不了，会伤了双方的和气，影响彼此以后的合作。

可见，我们指出上司的失误时，不要直言他的疏忽，因为有些上司对此会十分反感。我们要用幽默走迂回路线，在友好、和谐的氛围中提出建议，更可能有好的效果。

有时候，上司也会有很荒谬的想法，我们听了可能会忍不住笑出声。若是被责问，我们采用幽默的方式来应对，不仅能顾及上司的颜面，还能有效实现自己的目的。

成吉思汗征西夏途中，突然雷声大作。他大惊，命令护卫："你去看看，是谁流水洗衣，触犯天条。"

蒙古人视泉水为天赐圣泉，严禁在活水里洗脚、洗衣服、倒垃圾等。要是有人违背会遭雷击。

耶律楚材就在成吉思汗身边，忍不住笑出声音。

"先生认为我说得不对吗？"

"大汗，您征服中都的时候可曾雷声大作，阴雨连绵？"

"没有。"

"那里的妇女经常在溪水里洗衣服。"

听了这话，成吉思汗大笑起来，怒气也消失了。

耶律楚材指出成吉思汗错误的时候，先说他的战功，因此成吉思汗很快意识到了自己的荒谬之处，一笑置之。

上司大多是思维敏捷之人，下属在指出他的错误时，要多用含蓄幽默的语言，可在顾全上司面子时，让上司对自己的错误有更深刻的反思。

我们关注上司的错误时，也要反思自己的对与错。任何的决策都很难十全十美，若是与自己的小利益发生矛盾，我们应该以大局为重。要是影响到大局，要敢于指出上司的错误。

一家钢铁厂举办篮球大赛，冶金部主管担任教练。组织后卫见对方有两名高大内线，果断选择下快攻，并中场领防，取得了很好的效果。但是教练认为后卫投篮不准，用投手换他下场。

没有后卫分球，大家都找不到合适的出手时机，命中率大跌，于是教练就再换人，却毫无起色。惨败后，教练问球员王强："你以前是校篮球队的，要是球员命中率都不行，战术是不是五上五下？"

王强沉默片刻后，说："球场如战场，若是全面落败，上级必然换将领，而不是狙击手。"

球队惨败，教练不认为是自己指挥有误，而是怪球员命中率不高，还找有经验的队员来验证自己的执教水平。王强用比喻指出教练换下组织后卫的错误，因此教练也会意识到自己的失误，进而在下一场改变战术。

上司在指挥、决策、做计划时，自身难免会有局限性，有些地方想得不周全，就会出现失误。发现其失误，我们若不及时指出，发展下去会祸及自身，但纠正错误，也不一定要采取忠言逆耳的方式。带糖衣的药片如能更好地治病，岂不是更好？

上司懂幽默，管理更高效

管理者想在事业上快速发展，离不开一个听从自己指挥的优秀团队。该如何让团队有巨大的凝聚力呢？管理学家认为，上司必须要有幽默口才。

可一些管理者苦于虽谈吐风趣，却无法形成号召力。其原因在于忽视了管理中形成幽默的基础，如开放、真诚、为他人着想。

开放

管理者乐于以幽默的方式向他人敞开心胸，员工才会敞开心胸接纳他人。为人诚实、坦率的人，若言语又有趣，会得到更多人的支持，就算出现一些错误，别人也会宽容他。

皮特工作才三年，就被提拔为公司的总负责人。当时，一个重要项目每年亏损几千万美元。为此，皮特重新规划经营模式，一举扭转了公司的被动局面。

可是新的经营模式也有许多不足的地方。有人问皮特："现在让你重新做决策，会不会尽善尽美？"

皮特回答："除非时间静止，而我又能穿越到从前，否则现在做的决策越完善，在未来可能漏洞越多。"

不够开放的人，面对别人提起自己的成绩时，大多不敢直言自身的不足，可皮特却幽默开放地说自己可能会犯更多的错。时间是不可能静止的，人也不可能回到从前，靠经验打磨出的方略在变化莫测的新环境面前可能会造成更多的错误。皮特幽默地说出自身不足，就算以后有失误，大家也会对他表示谅解。

真诚

在职场，管理者的真诚主要是指不夸大其词。首先，不要夸大自己能给员工的待遇。一旦无法兑现，员工会觉得你不够真诚。其次，对于员工所犯的错误，不要过于挑剔，否则大家会觉得你是自以为是的人。

小胡正在翻译一本国外的侦探小说。该小说讲述了一起发生在偏僻山村的凶杀案。被害者高大威猛，可是村里都是些留守老人，男的到田地里劳作，不可能作案，家里留下的那些小老太婆也没有作案能力。小胡却把正确译文"小老太婆"误写成"小老婆"。

老板当着其他员工的面，戏谑地讲述了小胡所犯的错误。其他员工都忍不住笑了。

"老板，我可能是打字时漏字了。"

"就是不认真，还有什么可解释的。"

有一些老板对幽默和真诚的关系认识有误区。职场中，幽默不是取笑他人，真诚需要真实，更要表现出一种真心解决问题的态度。案例中的老板其实可以真诚地对小胡指出："一字之差，谬之千里，下不为例。"这样既能起到警示作用，又能让员工感受到自己解决问题的诚意。

为他人着想

有些管理者会把自己认为可笑的事情分享给员工，这不算为他人着想。真正的分享是，所分享的事能令员工和自己都欢喜，才会帮你建立更为融洽的人际关系。

一座写字楼突然断电，所有用户被告知，明天才能正常供电。

"完不成任务，老板又得扣工资了。"一家公司的员工说。

"我写的资料还没来得及保存，白忙活了。"另一名员工说。

"大家别急，我给大家申请一回退休人士的待遇。"主管说。

主管给在外地出差的老板打电话，老板接受了主管的申请。

"同事们，老板同意大家留薪停工一天，但是要先扫扫地，擦擦桌子。"主管对大家说。

"多谢主管。"大家齐声说。

在网络化的今天，办公时最害怕的就是断电。若是因此而耽误工作，进而被扣工资，就更是让人气愤，因为这不是个人犯的错误。主管正是深知大家的这种想法，于是跟老板申请放假。跟大家紧密相关的事，他却说得很幽默，还带动了全公司进行了一次打扫。遇到这样的主管，大家都会支持他的工作。

上司懂幽默，就算和员工在知识构成、兴趣等方面有所不同，也能通过笑声提升团队的凝聚力，事业成功指日可待。

上司批评员工，运用幽默效果更好

上司和员工之间，由于存在着管理与被管理的关系，上司对员工进行批评在所难免。但是，上司必须站在人性和人格的角度去考虑批评的力度和方式。如果员工只是犯了一点小错，上司就严加批评，员工有了抵触情绪，以后对待工作就会应付了事。若是上司因自己的错误去批评员工，则无异于推卸责任，对员工工作积极性打击更大。所以，批评员工是非常讲究技巧的，千万不要伤害员工的自尊心。

那么，怎样才能让员工在接受批评的同时，还能积极去改变呢？我们可以适时、适度地加入一些幽默元素，这能让下属对自己的错误认识得更深刻。

著名哲学家伏尔泰的一个仆人忠诚可靠，就是有点懒惰。一天，伏尔泰要外出，让仆人帮他把鞋拿过来。仆人很快就把鞋取来了。伏尔泰一看直摇头：仆人没有把鞋上的泥擦干净。

他问："你为什么不把鞋处理干净？"

仆人回答："这两天经常下雨，就算我擦干净，你在泥泞的路上走两个小时，跟现在还一样。"

伏尔泰没有和他争辩，笑着走出门。仆人追出来，喊："先生，你没有把厨房的钥匙留下，我还得吃饭呢。"

"你现在就饿了吗？"

"是的。"

"那就没必要现在给你了，等我回来你也一样是饿的。"

仆人该做的事没有做，还给出了一番歪论，主人当然会生气。然而，伏尔泰却以幽默的方式对待，让仆人在类比中受到教育。这种幽默的方式还不会让双方陷入冷战的状态，有利于以后的交往。

上司犯错却训斥员工的事情很常见，若是很过分，下属也可能与其争论，甚至离职。

"纪录片应该先写大事件，再落实到细节。"影视公司的新员工跟主管说。

"那么写容易逻辑混乱，还是按时间顺序写比较好。"

"以时间为序，就好比饭店不宣传招牌菜。"

"先宣传招牌菜，就好比演唱会上先说了神秘嘉宾，你还能稳当地坐在那儿看别人演出吗？"主管批评说。

"这点我倒是没想到。"

员工提到突出重点的写法，也有一定道理。但事情正像主管所说，你一下把最好的说了，观众就没有什么期待的空间了。可是主管没有用批评的方式教育员工，而是用看演唱会作类比，让员工结合自身工作将二者进行联系。这样员工更能意识到自身的不足之处，从而更加服从上司的领导。

作为上司，在批评员工时，要做到律人先律己，且宽厚有节制，事情很小只需提醒，不要批评。若是批评也要幽默温和，让下属知道怎么做才能提高，才能对事业的发展起到很好的帮助。

用幽默提高领导力

幽默的领导跟严肃的领导相比，能融入下属并促使大家齐心协力，从而提升自己的领导力。多位管理学家指出，幽默是一个人的第二形象，反映一个人的思想和个性，对于员工来说，这是他们在领导身上比较看重的要素。

幽默的领导能让员工在快乐的氛围中度过每一天，如一些主管能化解员工的尴尬、维护员工的尊严，因而员工愿意为他们效力。

古今中外，许多优秀的领导者，如李世民、欧阳修、林肯、罗斯福、马云等，都是善于运用幽默的高手。

李世民酷爱书法，一日与群臣宴饮后，取纸笔写多幅作品赐予大臣。刘常侍看作品所剩不多，居然跳到龙床上伸手去要。

"这成何体统，请我王治刘常侍有罪。"一位尚书建议。

"古有妃子不和帝王同乘车，今朕有常侍登龙床，佳话啊！"李世民大笑说。

一句简单的话，立刻化解了现场的紧张气氛。

李世民以王羲之为范例研习书法，用功极深，其作品在历代帝王书法作品中可称极品。再加上唐朝时重视书法，群臣争抢帝王的墨宝在情理之中。刘常侍做出冒犯天子的举动也是由宴饮的氛围所致。此时李世民引出一个典故，不仅缓解了尴尬的气氛，还表现了君臣关系的亲密无间，必然会受到群臣的拥戴。

在企业中，大多数的管理者会在员工大会上运用幽默。据美国的一项调查显示，超过50%的员工认为企业应该请一位幽默顾问。一些知名企业已经把幽默作为管理层的必修课。

美国经济大萧条时期，一家公司裁掉了40%的员工。公司管理层担心员工阴谋破坏、聚众闹事、威胁恫吓、抑郁自杀等事件的发生，聘用了多位幽默顾问，对余下员工展开长达两个月的幽默教育。管理者担心的事情最终都没有发生。

在职场，下岗、降薪、加班等问题都会影响员工的情绪。管理者如果不能给员工进行及时正确的心理疏导，将会给公司带来难以预料的损失。

可是，如何才能让自己成为一个真正懂幽默的管理者呢？首先，要有广博的知识面。知识积累够多，面对各种人时就会从容自如。其次，要培养豁达的心胸。一个思想偏激、意志消沉的人是不会产生幽默感的。最后，还要不断提高自己的想象力和观察能力。

管理者具备以上素质，才能幽默风趣，赢得员工的好感。在具体运用的时候，我们要关注员工工作中的痛苦、失败，甚至智力和身体方面的不足之处，让他们觉得你尊重他。对于自身的不足则要敢于自嘲，让大家觉得你自信。

用幽默提高领导力需要不断地实践。在这个过程中，越是级别高的领导者越要谨言慎行，若是一旦没有掌握好尺度，可能会适得其反，产生很恶劣的后果。

赢得客户，离不开幽默感

同样的产品，由不同的推销员去销售，结果会有很大的差别。就拿保险行业来说，就算客户真的需要，也很难对推销员说"太好了，我求之不得"。此时你是心灰意冷，还是坚持推荐呢？很多销售人员为了业绩，选择锲而不舍，却将客户惹恼。对此，何不采用幽默的心态和语言，让客户在笑声中接受自己的产品呢？

一家保健品公司的新员工愁眉不展。

老员工问："是不是新产品不太好推广？"

"是啊。有的客户不买，还侮辱人，我已经无法忍受了。"

"怎么个侮辱法？"

"说我是骗子、无赖、没有本事的年轻人。"

"这么看，我要比你幸运多了。"

"他们从来没有骂过你吗？"

"是的，他们经常不给我开门，还有人让我到草坪上捡被扔的样品。"

"你就不生气吗？"

"现在我特别喜欢这些爽快的人。"

老员工用自己的经历告诉新员工，比侮辱更恶劣的事情还有很多。作为推销员对待困难必须要有幽默的态度，要不很难坚持做下去。

如果你遇到很挑剔的顾客，有经验的推销员会建议你运用幽默去进行沟通，这样更容易得到用户的认可。

李伟是一家大型农机公司的业务员，主要负责推销灌溉机。这种机器只有在规模很大的种植园才能派上用场，为此李伟去了宁夏。

有一家大型企业对李伟的产品有一些兴趣。李伟热情地向客户介绍产品的功率、价格以及公司的其他相关产品。客户听过李伟的介绍后，摇摇头，说："我的种植园小，用不着你的机器。"

"您的种植园经营几年了？"

"两年。"

"那相当于孩子，发展前景大，衣服得买大点的。"

"到时候再说吧，现在我还不打算投资。"

"青苗枯荣的事可没有刚刚好。"

"你的机器太贵了。"

"买个好机器相当于打口井，不能跟水桶比价。"

"你让我再好好想想。"

"我能等您想到芒种。"

经过这次交谈，双方签订了合作协议。

一番幽默，让李伟签到一份大单。这就是幽默在赢得客户的过程中发挥的力量。我们回想一下自己作为职场人士，与客户交流，有多少次是在笑声中进行的？又有多少次靠幽默多占用了客户5分钟时间？

营销学专家发现，进入超市时间越长的顾客，可能购买的东西越多。原因是，有些东西了解得越细致，越不容易排斥。我们与客户交谈也要力求让谈话继续，而幽默能帮你实现目的。但我们和客户初次见面，不可漫无目的地谈笑，一切都要围绕彼此的目的来进行。

李伟不问种植园主产业的规模，而是问经营时间，并通过对发展前景的夸张描述，又把话题引到灌溉机上。许多人办事总是在等，在考虑更便宜的价格，可是天气的变化是很难预测的，若是真遭遇了干旱，有一个井来储备水，才不会带来更大的损失。在客户的犹豫期上，李伟给定在芒种，这选择更是巧妙。芒种正是农耕的时候，灌溉机的作用能得到最好的展示，还能带来一些潜在客户。

幽默是赢得客户的必备技巧之一。谁能让客户露出笑容，就会获得更多的展示时间。若是没有足够的幽默技巧，至少也要有化解尴尬的能力。除此，切记幽默的心态最重要，拥有它你才会去找更多和客户交流的机会。

推销用幽默，提高销售额

在今天的商业大潮下，随处可见推销的人。如何做到与众不同，又能得到客户认可，是一门高深的学问。如果我们能把智慧和幽默相结合，便可帮助我们达成心愿。

浩荣是省书法家协会的会员，自己成立了一个书画培训班。他在微信上推送广告，广告词如下：

幼儿时，我们学习书画，叫艺术启蒙！

小学时，我们学习书画，叫全面发展！

升学时，我们学习书画，叫技术特长！

上班时，我们学习书画，叫超凡脱俗！

一生中，我们学习书画，叫艺术人生！

你的选择和坚持注定让你与众不同！

（广告词下面是浩荣的作品及他与名家的合影）

大家在网上一定看过很多的招生广告，宣传页面大多在介绍师资，不能给人眼前一亮的感觉，而且广告词过长，很少有人能看完。浩荣的广告词从艺术的作用进行阐述，让每个年龄段的人都看到了学习书画的获益之处。没有任何吹嘘的言辞，而是用作品和名家彰显自己的优秀。利用这样的小幽默，更能得到用户的认可。

我们再来看看实体店是如何进行推销的——有时候竞争力的形成并不是我们想象的那样。

西安的一条商业街上有三家面店，竞争激烈。为了增加销售额，其中一家面店打出广告牌：全市最正宗的面馆。顾客看到后争先前往。第二家面馆仿效，不过招牌更高端——全省最具特色的面馆。这个广告牌一出，顾客流量也大增。

第三家面馆的难题来了，总不能写"全国第一的面馆"吧——山西、新疆的客人一定不能同意。老板的朋友给他支招，最后这个招牌十分谦虚：本街最经济优质的面馆。结果销售额明显高于其他两家。

过于夸张的广告词只能引来人们一时的好奇，反而不如幽默低调受人欢迎。此外，不管写"全省最具特色"或是"全市最正宗"的都在这条街上，那么只要是本街第一就是冠军。老板借用好友的幽默，巧妙地战胜了两位竞争者，并赢得了顾客的信任。

在推销的过程中，有些顾客会提出很无理的要求，这时我们也可以用幽默让他接受自己的产品或服务。

一家理发店针对开学季，推出很多特色服务，如焗发8折、老人和学生剪发半价、资深会员免费等。

一位中年男子来焗发。

"理发师，我能不能只焗白头发，给打3折？"

"不能。"

"为什么？"

"你要是三毛的话，能；不是的话，至少得按设计图案算钱。"

"这也太不合理了。"

"可你提出的要求的工作量可相当于刺绣啊！"

男子只能出正常价。

这位顾客的要求令人捧腹，理发师的回答也足够幽默。工作量和难度是理发价格的重要参照，用刺绣的比喻来跟顾客谈，是暗示对方这样的便宜不能去占。

在推销的过程中，会遇到许多棘手的问题或难以应付的人。优秀的推销者会用幽默举重若轻地解决问题，从而带动销售额的增长。

Chapter 09

以幽默为风度，
制胜辩论

在辩论中，有些辩手认为声势很重要，于是采用了咄咄逼人的方式，有时难免在逻辑上出现漏洞。为了避免给对手留下可乘之机，我们可采用幽默来阐述道理或反驳，这种方式能让我们更加冷静和从容，从而快速攻破对方的防线。

借势幽默胜雄辩

在辩论中，有人认为气贯长虹的气势最重要，可一不小心就被对方因势利导了。可见，选择适当的时机去辩论可能比雄辩更有效，如果能再配以幽默的表达方式，现场就不会充满火药味了。

常用的操作方法是：当对方辩手的论点出现漏洞时，我们心知肚明却故作不知，让他继续说下去，以此为推论，并借助幽默的力量，让他"搬起石头砸自己的脚"；对方的观点有错误，我们却以假为真，并以此进行反驳，使其处于尴尬境地。

某电影学院制片专业考试的辩论环节中，一组考生抽到的辩论题目是"兵马俑是否可以出售"。

正方："兵马俑作为国宝，当然不可以出售。"

反方："你认为国宝都包括哪些呢？"

正方："古董、名人字画、古建筑等。"

反方："你觉得哪个级别的字画才能被称为国宝呢？"

正方："古有顾恺之、吴道子、唐伯虎、苏轼，今有齐白石、徐悲鸿、潘玉良、傅抱石等。"

反方："近代的画家谁最具市场潜力呢？"

正方："据业内人士分析应该是傅抱石。"

反方："那他的作品就应该拍卖吗？"

正方辩手一时语塞。

另一位正方辩手说："书画和兵马俑的价值不一样。"

反方："那梵高的呢？"

正方："你的说法属于不尊重国家文化。"

反方笑着问："我国文化发展的宗旨是什么？"

正方无言以对。

这个话题很容易上升到道德的高度，对反方选手很不利。可是反方没有跟正方在兵马俑是否可以卖的问题上争执，而是很幽默地提出了一系列问题。当正方选手指责反方不尊重国家文化时，反方的反问更见幽默，这正是幽默的最高境界——无声胜有声，正方难以应对。

某大学举办了一次辩论赛。论题是"经济大潮与道德发展"。

正方选手提出："当今社会，许多人一切向钱看，经济发展的速度和文化建设的速度严重脱轨。古代虽然经济不发达，但是人们在礼教的教育下彬彬有礼。可见，经济的高速发展不利于道德发展。"

反方："正如你所说，有许多人为富不仁，但是也有像扎克伯格那样热衷公益事业的。"

正方："他是少数。"

反方："可是大多数人知道的道理是，仓廪实而知礼节。你想想，道德是由什么样的人提出的？"

正方选手的论点太绝对了，反方选手马上提出扎克伯格这位慈善家。许多人都知道他曾为美国的教育和医疗事业慷慨捐款。这种对比式的幽默，立刻让大家看到了正方立论的荒谬。此外，道德是社会发展的产物，不同时代有不同的定义，所以正方的观点立不住脚。

我们借助别人的话题，通过幽默将之引向对自己有利的方向，在辩论时就可以以少胜多，快速打败对手。

辩论时如何运用比喻

在辩论中，许多辩手经常用比喻来制造幽默。可究竟什么是比喻呢？它通常被称为打比方。其方法是用乙物来代替甲物，来说明甲物的性质特点。前提是二者之间有共同点，且乙物对方也十分熟知。例如，人们管一些人的口蜜腹剑叫"糖衣炮弹"，因为二者伤害人的方式一样。大家都听过《掩耳盗铃》《刻舟求剑》的故事，它们就是对一些生活现象的比喻，让人在幽默中有所反思。

在古代的文章、诗词中，我们经常能看到作者用比喻的手法向大家阐述道理，如"登高而招""超然物外"等。在辩论中，我们采用幽默的比喻，不仅能让自己的观点更加形象鲜明，还能缓解紧张的气氛，使自己的言论更具说服力。

小李是个音乐爱好者。他参加一个选秀节目时，准备的是顺子的歌曲《回家》，以为必然能晋级。

他上台后，才唱了两句，一位评委就说："这位选手你可以回家了。"

小李很生气地质问："老师您应该知道这首歌的精彩部分全在后面，所以您应该允许我唱完整首歌。现在我怀疑您在音乐方面的鉴赏能力，请您给我一个合理的解释。"

"这位选手，如果你吃一个橙子，第一口就发现它是坏的，难道非要把它吃完，才去下结论吗？"

小李才意识到，自己开唱后节奏有点快。

辩论中，经常有一些棘手的问题。我们要是从正面回答很难。如案例中，评委要是说小李的节奏不对，就要落实到小细节上，许多观众会不懂，但是用一个巧妙、易懂、贴切，而且幽默的比喻，对方和其他观众就全明白了。

我们可以借助事物去比喻，也可以借助一些他人认可的幽默故事去比喻。这样不仅能让大家觉得幽默滑稽，还能使大家有更深刻的反思。

幽默的比喻在辩论中如此实用，我们该如何才能得心应手地运用它呢？首先，要从对手的发言中找到可被自己利用的信息，只有找到本体，才能有合理的比喻；其次，找到喻体后，还要找到结合本体的特点，给出令人信服的论点和论据；最后，我们运用比喻的时候要遵守可信、顺畅、高雅的原则，只有这样才符合幽默的标准，对方才会认真听你的观点。

人在囧途，退路也许是前路

有些事情，要是我们强辩，可能会被人认为是狡辩或诡辩，反而留下不够坦诚的印象。这时倒不如先承认错误，再通过幽默的语言去解决，或许能取得意想不到的效果。此种幽默的方式就像打拳。因为你收着拳头，别人无法预知你怎么打出去，所以产生的杀伤力更为巨大。

王安石做判官时，进京述职，向皇上说："国家之所以积贫积弱，主要在于社会风气不正，因此让王公贵族发放家中藏物给百姓，才能真正达到富国的目的。"王安石这番言论触犯了王公贵族的利益，因此有人要对其进行报复。

王安石一次宴请群臣，因自己牙疼，所以只吃了几块豆腐。御史中丞吕诲看到后，在皇帝面前参了他一本（指古代一个官员上奏折弹劾另外一个官员），批评王安石官居要职，收入可观，但是在宴席上只吃豆腐，分明就是沽名钓誉。

皇帝听了吕诲的话，问："你说的可是事实？"

"皇上若不信，可问群臣或直接问王安石。"

皇上当即召见王安石。

"王爱卿，吕诲说你宴请群臣的时候，自己只吃豆腐，可有此事？"

"此事属实。"

"何意？"

"当朝大臣中，只有吕诲对我关心备至，他向陛下指责我，说的正是我生活中的常态。我做知州时就曾用自己的存款救济过灾民。为百姓兴修水利时，和民工一个锅里捞豆腐吃。有人说我沽名钓誉，可是对我自己来说，必须以身作则。如果不是这样，陛下又怎会听到别人对我的指责呢？"

皇上听了王安石的话，不但没有批评他，反而觉得他有担当，可以重用。

在这件事上，王安石就是以退路为前路。面对同僚的指责、帝王的询问，他没有辩解一句，而是全部承认。因为吕海指责自己沽名钓誉，就算有理由解释不是，可已经给皇上留下了先入为主的印象，辩解也很难让他相信，所以王安石采用以退为进的招式暗示皇上，自己是被吕海蓄意攻讦。随后他将"常态"一词运用得幽默而且巧妙。一个人经常做一件事，就算装样子，也十分可贵。最后王安石又把此事跟以身作则联系在一起，并很幽默地说，这才是自己被他人指责的原因。

在案例中，幽默的威力完全大于否定和分辩。因为幽默不仅能借力，还可以带有更多的信息量，让辩论更无懈可击。

在当今的辩论大赛上，情况瞬息万变，双方只要有一点漏洞，马上会成为对方攻击的重点，这时以退为进的方法会大显身手，彰显自己的智慧。

一次辩论大会的主题为"知难行易"，反方辩手说："许多烟盒上都写着'吸烟有害健康'，烟民不是不知道，而是控制不住烟瘾。"

正方辩手反驳说："正是，许多烟民直到自己得了肺病，无法医治的时候，才知道香烟的威力，实在是知难啊。"

面对反方的例证，正方以退为进，并且借用了对方的论据，很幽默地说出一个人想了解事物所要付出的巨大代价。事实也大多如此，所以正方辩手的语句幽默、简短也能产生极强的攻击力。

在辩论中并非一味进攻才是好办法，我们要学会冷静和幽默。这种方式在气势上看似不强烈，但是相机而动，会快速让对方理屈词穷，从而使自己获益。

用幽默诱敌深入

用幽默诱敌深入的谈话方式在辩论中很常见。最常用的方法是，先将一些无关紧要的信息透露给对手。对手不知道你的用意，就会抓住不放，此时用幽默的方式去反击，不仅无伤和气，还会打他个措手不及。

一位牧师在台上进行了冗长的说教，马克·吐温十分厌恶，站起身说："牧师，你的演讲条理清晰，思想深刻，但是我必须要反映一件事实，就是我在一本书上，看到过你演讲的内容。"

牧师十分生气地说："这绝不可能，我敢用人格担保，演讲稿上的每一个字都来自我的思考。"

马克·吐温笑着说："我也不是一个会造谣的人，我的确在一本书上看过你所讲的所有字，请大家相信我。"

"马克·吐温，你能否把你说的书借给我，若我的演讲稿不幸与其巧合，我将不再从事讲道工作。"牧师打赌说。

几天后，牧师收到了马克·吐温寄来的字典。

一开始，马克·吐温夸牧师的演讲好，但涉嫌抄袭，这有些幽默的味道。但是他没有说出是哪一本书，具体信息则变得不重要。此时，牧师的注意力都放在证明自己没有抄袭这点上。当他收到马克·吐温寄来的字典时，一定会大呼上当。可见，幽默在诱敌深入的过程中，可以发挥巨大的迷惑作用，帮你获得辩论的主动权。

对于书我们可以不说书名，对于人我们也可以不说身份和人名，这同样能让对方失去反击的能力。

在南方的一所高校里，正反双方辩手围绕"女人嫁人是否应该要车要房"的话题展开讨论。

反方辩手说："我认为人们结成婚姻的前提是相爱。要是没有爱做保障，一切物质不过是离婚时用来分配的财产。"

正方辩手说："我确实见过什么都不要的女人，而且身体健康、长相甜美。"

"看来你也认可我的观点了。"

"不过这个女人是韩国明星李孝利。她说，我有很多钱，恰好我丈夫不食人间烟火。"

一开始，正方辩手好像要说一个精神至上的女人，反方辩手还以为他要自我否定呢，可正方辩手幽默地一提，这个女人是李孝利——一个有雄厚物质基础的女明星。婚姻毕竟不是恋爱，要是没有一点物质基础做保障，有可能成为鲁迅笔下的子君和涓生。

此外，我们也可以借助一些问题来使对手走进自己设计的圈套。例如，可以问对手喜欢哪位歌手，对手也许会说谭维维。随后你可以问他关于谭维维所唱歌曲的歌词方面的问题。问题的难度突然增加，如果对手对相关信息不熟悉，应答不上，则容易陷入窘迫的境地。

恰当使用典故和歇后语

歇后语是民间常用的一种语言形式，具备风趣、短小、生动形象的特点。而典故更是人尽皆知，用在辩论中更具说服力。

在辩论中使用典故

在辩论过程中，擅长使用典故的选手可言简意赅地表达自己的意图。使用者通常只说出一半，谜底由对手去猜想。这样不仅能活跃现场的气氛，还能让对方看到自己的文化底蕴和智慧。

一所高校的辩论赛中，正方提出："关于私家车不断增多的问题，我方认为会造成许多司机违章停车的现象，不利于居民出行，相关部门应该采取一系列措施，控制人们购买车的数量。"

反方："随着我国生产力的发展，居民收入不断增加，人们应该更好地享受生活。至于出现的一些弊端，可以想办法解决。"

正方："我只怕是'小毛驴到贵州'。"

反方一笑："稀少不代表没有。我却觉得你的想法好比田丰劝袁绍。"

正方："我没有绝望，而是觉得像袁绍的人很多。例如，违章不过是想占点便宜。请问对方辩手，你认为怎么才能解决人性的问题？"

两位辩手的典故一个来自传世名篇《黔之驴》，一个来自于历史故事，可谓旗鼓相当。违章停车的现象屡禁不绝，有人提出打造多层停车场来解决这个问题，可还是有人会为了省停车费或取车快捷而违章停车。这正是最难解决的问题。正方借用反方的典故，指出像袁绍的人多。曹操评价袁绍："干大事而惜身，见小利而忘命。"对一些人来说，有便宜不占最难。正方让反方说解决的办法，可谓笑里藏刀。

在辩论中使用歇后语

某大学举办一次辩论会，论题为"创业该不该借助人脉"。

正方："著名企业家李嘉诚认为，年轻人在创业之前，应该先到喜欢的领域内工作和学习，待掌握技能和方法后再借助人脉，才不会浪费人力资源，否则得不偿失。"

反方回答："这是一个讲求平台的时代。如果你可以在更大的舞台上唱歌，将更早学会掌控全局的能力，何必非要借鉴别人的模式呢。"

正方说："这个世界很现实，你的能力若是刘备借荆州，我想别人也只能帮你一时。"

反方说："诸葛亮借东风也只是一时，一旦成功则可以高歌猛进，不成功再摸爬滚打也不迟。"

刘备借荆州——有借无还，这样的歇后语谁都知道。反方避开这个话题，转移到诸葛亮借东风，强调机会的重要性。当今时代讲究众筹，借助人脉发展，也是很正确的选择。反方选手若不知道正方歇后语的意思，则不会想到借力前行这个古训。听众会觉得应对巧妙，对方也会对你的文化底蕴产生敬佩之情。

在辩论中使用歇后语，就好像在演讲过程中插入小幽默，往往能制造出人意料的效果。不过有些歇后语低俗或带有侮辱性质，在辩论时则不要运用，否则会影响自身形象。

巧用他人笑柄，顺水推舟

在辩论中，逻辑思维非常重要。可是在生活、工作、谈判等场合常有人违背逻辑，制造出许多笑柄。我们何不借用他的笑柄，顺水推舟，让他认识到自己的荒谬呢？下面我们就来看两则最贴近生活的例子。

如今有些人视婚姻为万能。例如，你说心情不好，他说找个男朋友就好了；你说工作不顺，他说有个女朋友安慰一下就好了；连对于身材矮小，婚姻都能起到巨大的作用。有一天，钟伟的妈妈居然认为家里困难跟钟伟不结婚有直接关系。

"就是你一把年纪也不着急结婚，害得我有钱也不敢花。"钟母说。

"妈，我们家就靠那十几亩地挣钱，就算您敢花，又能花多少呢？"

"你不结婚，光读书，我总得管你，一旦我不管你，就没必要为你攒了。"

"照您所说，我结婚您就一分也不给攒了啊。"

"怎么可能呢？这不是希望你早点成家，我好静心。"

"妈，有些话说了怕您伤心。"

"你说吧。"

"您知道我同学李忠良吧，他女朋友的要求和让李姨割地赔款似的。我听忠良他妈说，女方就是服务员，却要楼房、汽车、10万彩礼，真是过分。所以儿子现在得好好学习，将来找份好工作，才能让您敢花钱。"

一个人是否敢花钱，首先取决于经济收入，其次是消费理念，跟儿女结婚与否并没有必然联系。可是许多父母会以此为理由催促儿女完婚。但80后、90后的婚姻毕竟不同于父辈，诸多物质条件是必须符合女方要求的。钟伟用"割地赔款"来形容女方的要求，看似夸张，可对于收入有限的农户来说，可能真得出售土地。钟伟借用母亲的逻辑说出现实的情况，同时向母亲阐述了自己努力读书的原因。

婷婷来到合租房的厨房，看到隔壁屋的小静正在用电风筒吹冻鱼，感到十分可笑。

"冻鱼都是用水化开，你怎么能用风筒吹呢？"

"太饿了，等不及。"

"你这能快吗？"

"头发都能吹干，此同理。"

"可是吹头发，伤发质和头皮，还流失水分，鱼也是一样。"

"我真是饿晕了，没想那么多。"

"我先给你袋速冻饺子，鱼得吃出鱼的价值。"

小静的行为任何人看了都会感到可笑，她的话语虽有几分道理，但是又透露着荒谬。我们吃鱼主要吃的是味道和营养，她所做的事不过是充饥，却费了很大的力气。这和吃泡面、速冻饺子没有分别，所以婷婷送她一袋速冻水饺。

同样地，在辩论中，类似的言论也经常出现，我们要借助他人的无理攻击，巧妙地回击对方。其中最重要的就是，根据实际情况来转变反击的角度，让自己稳操胜券。

辩论时，用幽默丰富话题

在辩论中，许多辩手希望就事论事，可好多事若没有足够的证据，说起来不仅空洞无物，也无趣得好比法规条文。我们为何不用幽默的方式丰富一下话题。此外，有些话题也可以作为弦外之音，让对方知道你真实的想法，尤其是一些无法直说的事情。

某师范大学文学院以"愚公是否该移山"为话题展开辩论，双方难分胜负。在自由辩论阶段，正方辩手说："既然你方不支持愚公移山，要是你家就坐落在大山脚下，你们是在那里耕种一生，还是要搬家？"

反方辩手说："自古就有南北大迁徙，可见选择搬家要比移山划算。"

正方辩手摇头说："事情要真的如你所说，人们没必要为了致富而修路。"

反方辩手提到南北大迁徙，正方辩手若不以"想致富，先修路"的道理来反驳，也可以就南北大迁徙的历史原因去分析。首先，南北迁徙的原因是出于战乱；其次，是北方人口迁徙到南方，带去了大量的劳动力和先进技术，南方才逐步赶上北方。因此从大的方向上来看，为了国家经济的均衡发展，愚公移山是很有必要的。

而正方辩手用幽默的方式提到修路，对听众来说这个话题更熟悉，而且可以谈论的点更多。例如，从能源、劳动力、经济全球化等话题上都可以做切入，让对方知道愚公移山的必要性。

北宋文学家欧阳修初入仕途，上司钱惟演对他这样的青年才俊十分优待。就连欧阳修邀请朋友到嵩山看雪景，他还提供费用。后来钱惟演政治失意，由王曙接替他的职位。

一天，欧阳修又邀请朋友游山玩水，王曙知道后大怒，传欧阳修训话。

"你才刚入仕途，就敢学寇莱公耽于享乐。难道没看到寇莱公都因此而贬官了吗？"

"据我所知，寇莱公并非因享乐而贬官，而是一把年纪还不知道隐退。"

这王曙是个年逾古稀的老干部，当时被噎得一句话也说不出来。

寇准（寇莱公）一把年纪还未隐退，政敌用阴谋诡计使其从宰相被贬为雷州的地方官。王曙和寇准私交很好，欧阳修说出此话，王曙自然无话可说，甚至可能会跟欧阳修研究如何在奸臣当道的环境下自保。

在辩论中用幽默来丰富话题是十分有效的辩论方法，如果我们能引用得切题，且分析透彻，必然会让对方无力反驳。

幽默在辩论中的运用原则

有人认为，辩论是十分严肃的事情，要是在里面融入幽默会变得不伦不类。这种观点也并非毫无道理。试想，如果我们的幽默元素过多，则效果容易像滑稽剧，影响辩论激情澎湃、正直刚强的本色，所以我们把幽默融入辩论时应该坚守一些原则，才能将幽默运用得恰到好处。下面就来看看，幽默在辩论中的几条运用原则。

面对对方短板时，可以运用幽默

在辩论中，对方的观点有时会出现短板，我们为了证明他的荒谬，可以对其夸张放大，不仅能够产生极强的幽默感，也能有力地回击对方。

一次辩论大赛的题目为"传统和创新"，反方辩手认为创新要优于传统，并引用艺术上的理论"不破不立"。

正方辩手说："我知道不破不立的道理，但是绝对不是对根基的彻底放弃。我先拿美术作品举例，《蒙娜丽莎》画了那么多层，难道成功只来自最后一层吗？再从生活来看，我们总有一些衣服会穿旧，难道你会脱掉，裸奔到商场买一件新的吗？大家又不是疯狂的球迷。"

"我只是说，想要形成新观点，就要放弃老的理念。"

"我明白你的意思了。原来你是说，把玉米收割后，来年新的玉米就会自动长出来。果真能如此，种子站不如改成彩票投注站。"

"事实证明，传统总是会失去活力的，人们需要异想天开才能有更新的突破。"

"我只听过精益创新，还有仿生学。你总不能造个龙型的飞机让它起飞吧。"

正方辩手的这些话就是利用对手言论中的短板来加以夸张放大，从而创造出幽默，渲染了对方的错误。若是双方的理论都很严谨的时候，不可使用此法，否则会给听众留下无理取闹的印象。

用对比的方式来制造幽默

针对一些现象，尤其是一些社会上的热点问题，运用对比的方式制造幽默，能让自己的论点更鲜明有力。

在一次关于"培训机构是否会冲击正统教育"的辩论赛中，正方辩手说："培训机构必然会冲击正统教育。例如，许多学生选择校外的辅导机构去学习。首先，培训机构辅导的学科有更多的针对性。其次，这些老师更有带动性。他们边讲书本里的课程，同时也会根据自己的教学经验讲一些书本上没有的知识点，可能会顺带调侃一下同行，开开玩笑。而这些也许正好就是学校老师所欠缺的。"

反方辩手说的也是很常见的现象。培训老师和学校教师的确有一定的差异。同时这也反映出一些学子对老师教学风格的喜好：幽默善言的老师有时也许更受欢迎。类似的事情还有很多，我们辩论时也可以借用。

改写惯用的语言

生活中有许多常用语，但是其中一些随着时代的发展，已经不再贴切了。例如，关于就业，以往人们常说："此处不留爷，自有留爷处。"现在有人则说："此处不留爷，那儿也留不住。"许多人在一处没练好技能，再换一个单位也很难通过试用期。

改写大家耳熟能详的话很容易产生幽默感，只要灵活运用就能起到以小博大的作用。

Chapter 10

谈判不必动火气，
幽默助你举重若轻

谈判的目的是解决问题，而不是发泄情绪。若是因态度问题惹恼了对方，很可能因小失大。此时我们可以借用幽默淡化矛盾、简化重点。例如，用古代故事指出对方类似的错误，使对方反省，不仅能反映自己的学识，还能彰显自己的气度。

谈判首先说重点

在谈判场合，许多人是懂幽默的，却没能实现预期的效果。究其原因，就是没注意运用幽默的顺序。一般情况下，我们要先用幽默说重点，对方了解了你的想法和态度，才能更好地为你服务，要是放在后面才说，有时会因对方的误解，使谈判失败。

下面我们就来看一则发生在手机广场里的案例。

阿亮的手机屏幕出现了裂纹，他马上拿到手机广场去维修。

"师傅，你看看我的手机是不是屏幕坏了？"

"不是，是钢化膜坏了。"

"换一个多少钱？"

"20元。"维修员一边说一边撕下钢化膜。

"我还没说让你修，你怎么就动手了呢？"

"你不修拿我维修店里来干什么？"维修员很生气地问。

"不先检查，我怎么修？"

"你当我这是免费量血压呢？你换家店去换膜吧。"

"我又没说不让你换，就是觉得有点贵。"

"兄弟啊，你不早说。我还以为你要让我赔你原先的手机膜钱呢！"维修员转怒为笑。

"哪有这么做事的人啊！你看15元行不？"

"没问题，下回需要什么配件就来我这儿，全特价。"

为什么维修员的服务对象没变，可是说话的态度却判若两人呢？原因就在于阿亮。买卖双方一开始交谈的时候，若是阿亮幽默地说："我是初次来贵店，您看能不能给个7.5折。"估计维修员能够答应他的要求。可是他在维修员揭下坏了的钢化膜前，没讲好价钱，而是责怪维修员动作太快。此时对方认为他要赔偿，也在情理之中。若是先幽默地说出重点，会节省很多谈判的时间。

可见，先说重点对谈判意义重大。这就好比给对方吃了一颗定心丸。对方心里有底，才会跟你顺畅地沟通。此外，我们在谈判前也应该先摸清对方的底线，随后说出的重点才会更加符合对方的要求。

下面我们再来学习探测对方底线的方法，以保证大家在谈判中占得先机。

首先，利用幽默抛出自己的观点，然后根据对方的反应来判断他的真正意图。例如，顾客到商店里购买服装，价钱、质地、产地问了一大推，既像要货，又像打听行情。要是如实回答，遇到打听行情的，可能影响自己的生意；可是选择冷漠以对，又有可能错过一笔大买卖。

面对这种情况，服务人员可以先幽默地表明态度，让顾客做到心里有数。他可以说："我所有的商品都是货真价实的，要是我再给您介绍，不过是影响您的鉴赏。"

服务员用幽默向顾客表达了自己的诚意，也暗示他，你询问得过多，若是还不说出目的，我可不愿意再跟你交谈了。此时，顾客要么说出目的，要么沉默不言。

此外，这样回答能够让顾客快速说出自己的关注点。要是他在乎货源就不会对质量做太多询问。要是在乎质量，就不会担心价格高。了解重点后，接下来的策略实施就非常容易。

借古讽今，语言委婉

谈判的时候，许多人都希望单刀直入，毫无保留地说出自己的想法，但现实生活中很难做到直来直往地谈话，因为这会给他人或自己带来难堪。尤其是我们向他人提出建议、劝解的时候，更要采用幽默迂回的策略。大家也可以采用借古讽今的说法，不仅能收到奇效，还能表现自己的立场和性格。

某大学的社会科学研究院重新组建领导班子，一位教学成绩并不优秀的教授荣升院长，他的两位竞争对手只做了副职。一次聚会，其中一位对手喝多了，说："副职何不应付差事。"在群众中影响非常不好。

不久后，学院接到重要项目。委托人限期三个月完成，院长找到两位对手，让他们各组建一个小组，力争两个半月完工。他们工作的时候，牢骚满腹，还跟下属说："委托方才要求三个月完成，院长却只给两个半月时间。自己如此好表现，却又不参与工作，这就是对我们进行报复。"

两个人的言论传到院长那里，他想要是不及时处理好两位带头人的负面影响，不仅会耽误工期，还会影响自己在学院中的威信。于是他问助理："如果你面对总是抱怨的下属该怎办？"

"院长您是著名高校历史系的高才生，应该知道'明修栈道，暗度陈仓'的故事。"助理说。

"你是说换下他们二人，以绝消极怠工的事情发生吗？"

"可是用谁管理这两个小组好呢？"

"换两个优秀的年轻教师，你只要许诺嘉奖，就能调动他们全部的激情，可能还会创造奇迹。"

院长采用了助理的办法，两队成员士气大振，并且提前一周完成了任务。

韩信命樊哙和周勃两位将军抢修栈道。二人对韩信的安排很不服气，常常抱怨，还认为是韩信故意刁难他们，军中受影响也怨声载道。韩信担心贻误军机，于是撤去樊哙和周勃的职务，此后再也没有出现消极怠工的现象，为汉军的进击创造了有利条件。

院长是学历史出身，对助理的建议能马上领悟，并予以执行。可见，借古讽今在谈判中比陈述利弊更省力高效。

一家动漫公司的策划员跟老板说："当今这一行当竞争太激烈了，我们应该创造一个能代表自己风格的作品。"

"如果你们想冒险，公司只能给你们出一半的资金，我就是一个小富即安的人。"

"可是今天不像从前，遇小利可以安稳，见大事就一定亡命。"

"你们看我出七成行不行？这可是我的上限了。"

策划员的借古讽今十分巧妙。与古时的袁绍一样，如今也有些人为了安稳，选择不冒险，但是在快速迭代的今天，原地踏步就是落后，反而更容易遭遇大的风险。有所创新，可能会有更多的出路，对公司的长久发展很有帮助。

面对一些人，直来直去可能带来逆反情绪，借古讽今含蓄且内涵丰富，在谈判时能引起对方的深思，因此我们要增加文化积淀，可保证运用幽默走迂回路线、借古讽今的精准性。

幽默技巧多样化，成功更省力

谈判时，双方要比拼的因素包括：机智幽默、文化底蕴、随机应变等。但是拥有这些素质还远远不够，我们必须不断丰富自己的幽默技巧，才能事半功倍。

技巧一：无中生有

在谈判中，有时候会出现剑拔弩张的局面，此时若能够制造一种幽默情景，可以缓解彼此的情绪，让事情在良好的氛围中得到解决。

几位球迷在一家足球主题餐厅聚餐，可是自己支持的球队却失败了。他们喝了很多酒，走出餐厅。其中一个球迷看到地上的易拉罐，拔脚怒射，易拉罐重重地打在不远处的轿车上。

"小龙好脚法，居然把人家车门踢开了。"另一名球迷大喊。

此时从车上走下一名中年男子，看看车上的刮痕后走过来。

"你们谁踢的？"

"哥哥，实在抱歉，我们这是球看得憋，才无意破了您的门，您看修理得花多少钱？"一位年龄偏大的球迷说。

"既然大家无心，赔我张体育馆的门票就行了。"

球迷和司机都是幽默的高手，都用幽默表达了自己的意见。球迷想出一个"看球生气，无处发泄"的解释，在情理之中。司机也宽厚，所要求的赔偿不过是一张门票的钱。

技巧二：顺水推舟

有些时候，我们为一件事找借口，可能会越描越黑，还不如顺应事态的发展，只要能用幽默化解就好。

一家韩式餐厅中，一位中年男子点了一碗冷面。他突然发现菜汤里有一根银线一样的东西，仔细一看原来是很细的铁线。他大怒，马上找来服务员，拿着铁线问："你说这是什么东西，为什么会在我的碗里？"

在这种情况下，无论服务员给出什么样的解释，都很难平息男子心中的怒火。不过这位服务员用幽默化解了尴尬。他说："对不起，先生，没想到擦锅球这铁头也能脱发。"

男子和其他顾客听到如此解释，都大笑了起来。

服务员采用的策略就是顺水推舟，不让事情出现意外。我们在谈判的时候也可以采用这种方法。面对一些难以对抗的事，我们只要能用笑声换取原谅就足够了。

技巧三：曲解句意

在一些谈判中，总有人强词夺理，我们可以歪曲他的句意，来表达自己的愤慨之情。

一名村妇把邻居告上法庭。理由是，邻居家的菜地一直由她家代种。如今政府征用该地，赔偿应该给她，这就好比事实婚姻一样。

法官问邻居："你们之间可有合同啊？"

邻居说："没有，照她所说，我们合作这么久，应该一家人不说两家话。"

村妇明明是无赖行为，却拿事实婚姻作比喻。邻居借用她的思维方式来推理，让法官看到了更加荒谬的说法，印证了村妇的无理。

在谈判中运用以上几种技巧，必将帮我们把控全局，获得谈判先机。

抓住谈判主导权，幽默更给力

说起主导权，就好比熊捕鱼会选择最佳的地点一样。谈判也是如此，谁能在谈判中占据主动的位置，谁就能获得更多的胜利果实。要如何抓住主导权呢？我们可以采用幽默的方式来实现这个目的。

在百货商场的鞋帽区，一位秃顶的先生在闲逛。有位售货员跟他打招呼。

"先生，买顶帽子吧。"

"我头发都没有了，买它有什么用？"

"冬天可防寒，夏天能防晒。"

"这么多年不戴都习惯了。"

"先生，我还是建议你买一顶，要不您接孙子时，他的小伙伴该说光头强来了。"

顾客想想确实如此，就买了一顶。

这是生活中最为常见的谈判方式。服务员先从防晒和防寒上鼓动顾客买帽子，准确地找到了顾客的痛点。可是顾客拒绝了，服务员马上又从美观角度做切入，并联系到亲情。对于中老年人来说，亲情是最能带动消费的。可见，服务员自始至终都占据着谈判的主导权。

以上是从角度上占据谈判的主导权，需要很多工作经验。下面我们来看看，如何通过运用技巧在谈判中稳操胜券。

李威代表单位和一家合作商进行商业洽谈。在谈判前，老板向他传授谈判技巧：谈判中途，装作接到其他合作商的电话，并拿出不耐烦的态度。

双方才谈了几分钟。李威就拿出电话，说道："很抱歉，一个重要来电，我出去接一下。"他退到门外大声说："我已经跟你说了，700元以下的价格就不要再打电话过来了。"

李威回到谈判桌，过了20多分钟又出去接电话，说："我们是品牌公司，不走薄利多销的路子，麻烦你找别人合作吧。"

李威再次回到谈判桌，合作方在价钱上没有谈太多，主要是探讨产品的创意。

在商业谈判中，价格永远是重点，所以李威实现了目的。我们在谈判中想要从容自若，关于对方的财力、行为习惯、处事原则、谈判目的、底线等都要做到心中有数。借用方法、融合幽默的时候才能更有把握。

此外，双方为了利益，有时候会互不相让，这个时候，要拿出应有的定力。千万不要急于亮底牌，否则会让自己变得很被动，因此一定要谨慎。

在谈判中运用幽默必须要结合正确的战略和战术，才能做到步步为营，取得最终的胜利。

用幽默使对方引以为鉴

古人说，见贤思齐，是指以贤德者为参照，可以促使自己快速提高。我们为什么要这么做呢？因为很多人对自己的能力、缺点等认识得并不清楚，所以在许多事情上会发生错误，如妄自尊大。既然对方在谈判中无法看清自己，我们就用幽默的手段来提醒他，让他重新评估自己。

亚楠到北京一家英语培训机构应聘教务工作，面试的时候遇到了机构的首席讲师。

"你是985或211高校的学生吗？"讲师问。

"是211高校的。"

"什么专业？"

"人力资源管理。"

"怎么选择跨度这么大的工作？"讲师很不屑地说。

"我的英语还好，自认为能胜任教务工作。"

"我可是业内的名师，为期三天的短训班，就能挣几十万。你要是辅助我写讲课稿，就得给我写成业内第一的水平。"

"老师，您准备给我多少工资呢？"

"试用期3000元，我能用你，是你的偏得。"

"老师，您给执鞭之士这么低的工资，孔子很早就教导说，不如从吾所好。"

最终，亚楠没有与他合作。

有的人一旦有所成就，就会把自己的光环当成能给予别人的财富，可是别人最在乎的未必是虚荣的东西。尤其是给的报酬和要求严重不符合的时候，可能会引来对方的轻视。亚楠引用古人说的话，就是要让讲师反思自己的言行，也许以后讲师在与他人谈判时会有所改变。

我们要让他人反思自己，除了运用幽默的语言，还可以采用幽默的行为，同样能对对方起到警示的作用。

老王是一个外资企业的销售部经理，遭遇同行企业的恶性竞争，为此他决定和那家企业进行交流谈判。

老王率领谈判小组来到该企业安排的会场时，对方的谈判小组却姗姗来迟。在谈判的过程中，对方负责人哈欠连天，对许多重要问题含糊其辞，完全不尊重老王带领的团队。老王决定改变谈判的策略。

次日再谈时，老王带领团队比对方更晚到场，谈判时，回避对方任何有价值的问题，和对方聊人生、理想。对方负责人对老王一行人的举动十分不解。

随后几日，老王的团队依旧不提关于谈判的内容。对方负责人终于忍不住问老王："王经理，你们谈判的态度为何如此悠闲？"

"我第一天来谈判时，发现你们的氛围特别像联谊会。我们怎么好意思让大家扫兴。"

对方负责人马上改变了自己的态度，谈判也变得严肃起来。

当下经商讲究合作双赢，老王面对的企业没有表现出合作的诚意，所以老王采用和他们一样的态度，让他们自我反省。这样，之后的谈判才能对双方的发展产生很大的影响。

我们使对方引以为鉴的时候，也要反思自己的言行，以保证谈判起到最大的作用。

笑也是一种幽默

有句话说"相逢一笑泯恩仇"，大多数人也都想以这种方式消除怨恨。尤其是面对一些小事，彼此间本没有太大的矛盾时，更应该一笑了之。

可是，想通过笑容、平和的话语来传达理解、展现幽默并非易事，尤其面对的人数众多时，更是难上加难。

李琰是某省实验中学最知名的语文教师，近几日学生中出现的一个现象让她很不满意。有些学生没有完成她布置的写作任务，还有一些则应付了事。她深知学生们并非对自己不尊重，只是学业太重了，精力不足。若是当众批评这些同学，大家必然会觉得自己不近人情。

第二天，她带着批改好的作文来到教室，笑着对同学们说："在我开始讲课前，首先要对大家表示感谢，谢谢大家！"她的话让同学们感到惊讶，因为他们并没有做什么能够让老师感动的事。她继续说："我要感谢不交作文的同学，因为这使我不用点灯熬油地修改。更要感谢应付了事的同学，是你们的文字给老师带来了很多快乐。我知道你们并非不想完成我布置的任务，只不过是知道批改作文是最熬心血的，体谅我的辛苦。大家的好意我心领了。可是我希望你们在高考的战场上有作文这样的重武器，望大家也体谅我的苦心，老师情愿给你们擦炮弹。"

李老师的幽默逗得同学们大笑，没完成作文和应付了事的同学都从她的话语中体会到了她的良苦用心。作文在考试时分值最高，但并非一朝一夕可以练就，因此老师每天给学生布置写作任务。我们相信，从此以后学生们一定会认真完成作业。

我们再来看看，如何用微笑平息他人的怒火。

大军的笔记本电脑已经用了快八年，有一天突然死机了。大军将电脑重启，过一会儿它还是死机。拿到维修店后，维修员说是风扇故障，给换了个新的，可检测不到20分钟，电脑又死机了。

"哥们儿，换了风扇都不行，可能是主板坏了？"维修员说。

"要是主板坏了，不应该还能运行啊。"

"你机器着急用不？"

"不算太急。"

"要不放我这儿，给300元我保证给你修好。"

"算了吧。"大军不太信任维修员。

大军又换了一家维修店。

"兄弟，你这笔记本哪年买的？"

"2009年。"

"电脑界的寿星啊！什么毛病？"

"自动死机。"

"你最近使用的时间长吗？"

"挺长的，总加班。"

"可能是机身过热导致的，我给你看看。"

维修员查看一番后说："风扇有问题，机器里灰尘也太多，我先免费给你清下灰吧。"

"非常感谢。"

维修员用吹风筒清灰后，却无法开机了。他满怀歉意地笑笑，说："兄弟，这电脑就相当于白眉鹰王战完六大门派，再也受不了一巴掌。你看我该怎么赔你？"

"不用赔，帮我选个组装机就行。"

"这个组装机1400元，足够办公用。要是你笔记本卖我，给1000元就行，资料免费帮你导。"

"那就麻烦你了。"大军买了组装机。

第二个维修员先用微笑服务消除了大军的怒火，随后用幽默解释电脑无法开机的原因。一部使用多年的电脑，又超负荷地工作，承受不了清灰处理完全可以理解。此外，维修员还主动提出赔偿。就是这样的服务态度，帮他带来了更大的收入。

友善的笑可以获得他人的理解，从而得到意想不到的收获。此外，还可以平息他人的怒火，把难以接受的大事转化为双方都满意的小事。

把幽默和反问结合，让对方给出答案

谈判的时候，需要措词强烈，可是再好的措词若不能采用与之相配的句式，效果必然会大打折扣。但谈判并非演讲和诗歌朗诵，所要表现的不是丰富的情感，而是态度和观点，能够一针见血最好。诸多语言学家认为，谈判时运用反问句，并结合幽默，不仅能产生强烈的气势，还能让对方深刻地反思。下面我们就来看看，如何把幽默和反问句结合。

一家房屋中介公司收完房客的租金后，突然消失。委托方刘大姐损失惨重，因其同意该公司晚些给自己房钱，眼下只能看着房客白住。

为了追回自己的损失，她几次驱赶房客，可是大家就是不搬。为此还找民警进行了协商。警方认为她的行为属于私闯民宅，但是鉴于情节不严重，到此为止就好。

可是没安静几天，刘大姐带着她的儿子又来赶人。有两个房客为了息事宁人，搬走了。这使得他们母子气焰更加嚣张。他们对一名学生说："你赶紧搬，要不我把你的东西扔到楼下去。"

"难道是我骗的你吗？你在这大呼小叫。"学生生气地说。

"可这是我的房子。"刘大姐说。

"租赁期间，房子的使用权还是你的吗？"

"我不跟你说废话，房产证在我手里，就我说的算。"

"我就当你说的算，难道你还能给我违约金吗？谁让你吃亏你找谁去，要不我现在报警，告你入室行凶和胁迫。"

母子二人怕事情闹大，骂骂咧咧地走了。

这一案例中，大家都是受害者，本应该共同想办法解决问题，可是房东却采取极端手段去挽回自己的损失，蛮不讲理。聪明的学生先用反问句告诫房东该去找欺骗她的人，可是房东蛮不讲理，他只能再采用反问结合幽默的方式，如和房东提到违约金的偿还问题。心疼损失的房东大多会用沉默来回避学生的这一反问。

一位编剧给抗日名将写人物小传。审稿员看过以后说："据我所知，该将领所读的军校是两年制的，他怎么可能在那读了四年？"

编剧想了想，说："我刚看到资料时，也有和你一样的疑问。后来我告诉自己，难道那所军校就没有预科班吗？你觉得还有什么可能？"

审稿员的疑问给编剧出了一道难题。要是编剧说资料就是这么写的，对审稿员显得不够尊重，于是他采用反问句，说出了自己创作的合理性。此外，还给审稿员提出了新的问题。审稿员则很难在此做无用的挑剔。

可见，在谈判时，面对无理、挑剔、刁难等不利局面，运用幽默和反问结合的方式能让对手折服或妥协。

巧用幽默，无须先声夺人

在谈判场上，有人喜欢先声夺人，自以为咄咄逼人会在气势上占有优势，可大量的事实表明，由谁开局并不重要，重要的是谁能克敌制胜。这就要看一个人是否能准确地掌握时机，若是在此时能巧妙地运用幽默，将极大挫伤对方的锐气。

齐国大夫晏子去楚国谈判。楚王决定在接见他之前先羞辱他一番，以杀杀他的锐气。守城士兵紧关城门，只在城墙上凿出一个小洞，让晏子通过此处进入城中。如果晏子在此时勃然大怒，很可能拒绝会谈，则无法完成使命。

晏子对护卫说："只有出使狗国的人，才会从洞里进出，可我出使的是大国楚国，怎么连大国的门面都看不到呢？"楚王闻言，只好命人打开城门，迎接晏子入城。

楚王见晏子身材矮小，就挖苦说："难道齐国竟无人可用了吗？"

晏子说："齐国国都的大街上满是行人，举起袖子足以蔽日，怎么可能会没有人呢？"

"既然有人，为何派你这样的小矮人做使臣？"

"我们齐王用人是有标准的，本领大的，去跟贤明的君主谈判。我在齐国是能力最差的，所以只能被派到楚国。"

楚王先在城门前羞辱晏子，后又对他进行人身攻击。晏子没有愤怒，先是抬高楚国的地位，让楚王打开城门，后是提高自己国家的地位，有力地回击楚王，让傲慢无礼的楚王无言以对。楚王的言行暴露了他的德性，这正是晏子反击时最重要的参考，进而为后来的谈判营造了有利的氛围。

在生活中，先了解对方谈判的目的也十分重要，它可以帮你决定结束谈判的方式。

相亲的女孩跟男孩第一次见面，问："你说说，如果咱俩结婚，婚后，孩子的读书问题怎么解决？"

"这个我还没想好。"

"我们先不谈这个问题，你说说结婚的房子吧。"

"我可以在北京买，但是更倾向于回老家。"

"你这么年轻，怎么就斗志全无了呢？"

"我们落叶归根的可能性更大，再说父母年纪大了，总不能让他们来蜗居吧。"

"就你这想法，在北京只能找个二婚女人，我看我们不合适。"

"是的，我的想法跟这个时间也不适合。"

　　有的人先声夺人是因为急躁。案例中的女孩急于结婚，所以把婚后的问题都询问了，并且对男孩进行了讽刺。男孩只用一句幽默的话就结束了这场让对方恼怒的谈话。

　　谈判过程中，唇枪舌剑，情绪控制能力差的人很可能失去理智，说出让人无法接受的话。在这种情况下，若能把谈话节奏拿捏得恰到好处，并用幽默抑制对方过于激动的心情，不仅能让自己获得谈判的主导权，还能更好地解决问题。

Chapter 11

何来笑点高？——演说中的必备幽默招数

大家一定听说过"笑点"这个词，并遇过一些不愿意微笑的人。其实并不是他们笑点高，而是我们在运用幽默时，没有真正了解对方的心理。此外，我们也没有准备好奏效的招式。若大家能从这两个方面着手，就算是冷漠的人也可能开怀大笑。

听众不接受，幽默没支点

一本书如果没有读者，不过是一堆无用的文字。幽默也是如此，离不开听众的注意。可究竟怎么才能吸引听众呢？相关专家认为，要关注听众在年龄、职业、兴趣上的差异，要是听众不接受，你就算再幽默也毫无意义。

一位歌星说："如果观众里年轻人多，我就唱《外婆的澎湖湾》；要是中年人多，唱《三百六十五里路》。"前者活泼，符合年轻人喜好；后者催人向上，能打动中年人的心。我们运用幽默也得投其所好，这样才能提升听众对你的关注度，让幽默取得最佳效果。

制造一个幽默又与听众有关的话题，就能得到听众的响应。有时平淡无奇的生活用幽默的方式来描述，听众会觉得十分好笑。

著名剧作家崔凯参加访谈节目，提及创作小品《牛大叔提干》的灵感来源：

辽宁省作家协会举行了一次采风活动。崔凯和几位作家来到小山村的饭馆就餐。该饭馆临近水库，有鲤鱼、甲鱼、嘎鱼等水产品。

"几位先生要吃点什么？"服务员问。

"酱焖嘎鱼、野山椒炒肉、香椿炒鸡蛋、铁锅炖鸡……"崔凯说。

服务员上完菜后，出去拿了条甲鱼进来。

"你们这么多领导，中间总得有一个甲鱼吧。"服务员说。

"你的甲鱼有点打蔫了。"

"一早还活蹦乱跳的。要是您要，我用线给您串串甲鱼蛋。"

后来崔凯便把这个素材用在了小品《牛大叔提干》中。

一定有很多人想知道创作者的奇思妙想从何而来，所以崔凯的话题就有足够的吸引力。此外，平淡的生活中的幽默元素居然比小品里还多。例如，服务员说"你们这么多领导，中间总得有一个甲鱼吧"，这句话要是没有具体场景，很容易引起歧义。可在当时，作家们只能当成一句玩笑。观众在崔凯的讲述中，了解了自己好奇的事情。这正符合他们的心声，必然能获得共鸣。

很多人并没有作家那么多的生活体验。在与听众交流前，应该先给自己提几个问题：我说的事情能给听众带来什么好处？能不能帮其实现理想？是否能解决他们的问题？想清楚这些事，然后再把想法分享给大家，必然会吸引听众的注意力。

新东方政治名师杨佳宁给学生上集训课，说："大家都听说过笨鸟先飞的道理，我却觉得笨鸟先累。马亮同学请你给大家分析一下原因。"

"这就好比费油的车，越早上路，越早耗光油。"

"你说得没错。此外，笨鸟在急切的心态下会忽视风声，就借不到力。这就好比学政治不关注教育制度改革，复习一年也赶不上别人三个月。因此起步晚不是气馁的借口，关键是怎么起步。下面我们来看重点章节。"

杨佳宁的开场有以下优点：符合集训者希望快速提高成绩的意愿；先用一个大家熟知的道理做切入，调动了大家讨论的兴趣；再通过讲述关键点来印证自己的言论，更能让人信服。

在商场中，我们可根据听众的需求，准备幽默的内容，必将调动消费者的购买欲望；在生活中，受他人欢迎的幽默能让人会心一笑，对你产生好感。我们只有抓住听众的关注点，才能让幽默有生存的土壤，而不是毫无内涵地先声夺人，这样经不起时间的考验。

让幽默善始善终

　　每一个演讲者都会注重开场和结尾。开场决定整个演讲的基调。结尾是对主题的深化，从而产生余音绕梁、耐人寻味、鼓舞人心等效果。因此，幽默要善始善终。下面让我们来看看他人如何用幽默开场。

　　《开讲啦》是一档面向青年受众的电视公开课。节目主持人撒贝宁十分重视开场白，有时为了制造幽默效果，不惜以自嘲为代价。

　　"今天，我们请来这位嘉宾，从职业角度来讲，她跟我是同行，而且我们有很多相似的地方，比如我们都是小眼睛，而且我们做的节目都跟大学生有关。人们形容她既温柔又麻辣；有智慧，又风趣幽默；而且还有人说，她不是大美女，但是又有人说，她是美女中的美女。到底是谁？来，看一下大屏幕。"

　　撒贝宁的开场白既幽默，又给大家设置了很多悬念，引起了观众极大的兴趣。我们在进行演讲的时候也可以借鉴，但切记要符合演讲主题的需要。例如，让你介绍韩红，你可以从她的嗓音方面做幽默、形象的介绍，这比单调刻板的介绍强很多。

　　一台演讲没有结尾，就会显得仓促。结尾没有幽默感，很难给观众留下美好的回忆，不算是很成熟的演讲。

　　著名企业家任正非动员研发人员再创新时，发表了主题为"出征·磨砺·赢未来"的演讲。在演讲的最后时刻，他举起拳头说："三十年的奋斗，我们已从幼稚走向了成熟，成熟也会使我们惰怠。只有组织充满活力，奋斗者充满一种精神，没有不胜利的可能。炮火震动着我们的心，胜利鼓舞着我们，让我们的青春无愧无悔吧！"

任正非用"成熟的弊端"这一点说明创新的必要，并号召大家努力奋斗，有振聋发聩、引人深思的作用。

除了用幽默的语言做结尾，我们也可以用与众不同的说话方式制造幽默的效果。

有一年，中国文联全国代表大会在北京举行。开幕式上，中国作家协会主席最后发言。看到大家不耐烦的情绪，他说："首先，我欢迎到会的文坛泰斗和青年才俊，我在这里向大家表示感谢。"众人鼓掌，稍事停顿，他又说："总之，我祝愿大会圆满成功，散会。"演讲戛然而止。

听众一愣，随后发出雷鸣般的掌声。

主席从"首先"一下过渡到"总之"，中间省略了很多其他的话语。这样的演讲方式，大家前所未见，幽默效果别具特色。

演讲的开场和结尾还有很多方式，如讲故事、用名言、抖包袱等，但必须紧扣主题、巧用幽默，并与过程配合得天衣无缝，才能赢得现场观众的热烈掌声。

演讲高手都懂幽默

笑星鲍勃·霍普说："题材有出色和平庸之别，但我知道如何通过语言的表达，来使普通的话题变成很棒的笑话。"事实也正是如此，演讲高手都善于用幽默的语言来吸引听众的注意力，并让听众在笑声中与自己产生共鸣，从而记住自己的观点和见解。

著名作曲家李海鹰到沈阳音乐学院演讲。当他来到音乐厅的时候，听众已经到齐了。他看到大家都在用期待的眼神看着自己，过道最后面，一位高大的学生正努力向前看。

主持人介绍说："这是电视剧《亮剑》的作曲者，《爱如空气》这首歌也出自他的笔下。他是音乐界的集大成者，是一个伟大的作曲家。让我们用热烈的掌声欢迎李海鹰教授给大家做精彩的演讲。"

李海鹰笑笑说："贝多芬才是伟大的作曲家，我就是一个音乐爱好者，沾了一些优秀作品的光。我总跟别人说，我很渺小，又没有气质。可是他们都不相信，今天我一定要给大家证明一下。我请过道最后面的那位学生上台。"李海鹰用手指着那名学生。

那位学生站在李海鹰的面前。李海鹰笑着说："怎样？看到我本人，这下相信我说的是真的了吧。"

李海鹰教授不过是针对创作成果进行一次演讲，这件事本身很平常。可是他抓住主持人夸赞他伟大这个点，制造幽默，给听众留下了谦虚、平易近人的好印象，大家会更愿意听他演讲。

懂幽默的人，在运用幽默的时候，还要看听众是否认可你的幽默。

一位文艺评论家评价沈从文的作品："沈老的文章文笔还算优美，但是描写的事情情节简单，思想也不深刻，在高校的讲台上讲故事，好比一个导游。我若是他当有些自知之明，也弄个旅行社。"

　　一位沈从文的崇拜者站起来说："你永远不会成为他那样实干的作家，才有时间在这儿说三道四。"

　　同样一个人，大家会褒贬不一，所以我们不要贬低他人，更不要拿自己的优点去跟别人的弱点比，否则会让别人觉得你这不是幽默，而是缺少道德修养的表现。

　　当你知道了如何选择幽默的素材和技巧之后，在执行的时候，态度要自然，说话要流利，举止要恰到好处，这样才有可能赢得观众的认可。

调动听众的参与感

在演讲中，想要充分调动听众的参与感，离不开幽默。但该如何运用幽默？怎么才能让幽默有更好的听众基础？这些都是演讲者必须要去考虑的。下面我们就来看看一些行之有效的方法。

提问法

在演讲的过程中，恰到好处地向大家提问可以活跃气氛。尤其是现场气氛沉闷时，向听众提出一个问题，参与者给出的答案很可能极具延伸性，我们可以适当扩展，并给出幽默的总结，很可能带动听众新一轮的讨论。

鲁迅在北京女子高等师范学校任教期间，做过名为《娜拉走后怎样》的演讲，探讨的话题是男女平等和妇女解放。鲁迅原本想阐述的道理是，经济独立权是实现男女平等的根本，可是他没有抛出自己的观点，而是采用了提问的方式。

"大家认为娜拉走了以后会怎样？"鲁迅问。

"可能会流落风尘。"

"很可能衣食无着，被迫回家。"

鲁迅总结说："梦是要有的，但是无路可走的梦要不得。"

物质和精神哪个更重要是经常被讨论的问题。有一个故事做依托，大家探讨起来更有着力点。娜拉出走时，显然对自己的生存问题考虑得不够，这是许多学生都能看得出来的，于是鲁迅给下了一个幽默的结论。就现实来看，梦醒了而无路可走，将是比看穿丈夫的虚伪更让人悲伤的事情。因此在做选择的时候，一定要切合实际。可见，提问法可以深化主题，我们演讲时可以多做尝试。

私下沟通

大多数演讲会持续很长时间，中途会有休息时间，这段时间归听众自由支配。演讲者此时应该走下台来，了解一下听众对自己演讲的评价，还有他们最关心什么，喜欢听到的是什么。

中国音乐家协会举办了一期歌词创作班，由一位老作家授课。他先讲中国歌词的发展史，随后把古今歌词做了比较分析，认为著名音乐人小虫的歌词低俗，并以《我可以抱你吗》这首歌为例进行讲解。

他演讲时，发现许多同学昏昏欲睡。中途休息时，他找到一位学生，问："《我可以抱你吗》这首歌还能起到哄你入睡的效果吗？"

"不能，只是我们不愿听您分析作品的好坏。"学生说。

"你们想听什么？"

"写作技巧。"

在演讲中，经常出现演讲者十分兴奋，听众却倍感厌烦的事情。这时，你就算有超强的幽默感也没有用了。因此，可通过私下沟通来检验自身的不足，并快速做出改变，此时幽默感才能让你受到更多的关注。

演讲者只有把自己作为聆听者，和听众交流互动，并在演讲中穿插幽默妙语，才会得到听众的支持，受到更广泛的赞誉。

抱怨也能制造幽默

人们都认为抱怨具有很大的负能量，但实际上并非如此。人们常说"牢骚太盛防肠断"，那不牢骚满腹不就行了。可是有时用幽默的方式抱怨，不仅不会让别人觉得你有负能量，还能让别人看到你的态度和能力。

在许多场合，演说者会用发牢骚的方法制造幽默，拉近和听众的距离。但是这样做千万要有所节制，毕竟这不是演讲的主题，说多了会让听众心生厌烦。抱怨要讲究方式、方法，只要能制造幽默就足够了。

蒋中挺是全国知名的政治考研辅导专家。有一年，他给大家分析政治大纲时，长叹一口气说："今年的大纲有很大的变动，相信许多人都听说了。这对复考的同学来说，太不幸了，因为要收回惯性。对于我来说更不幸，因为我教了十来年了。因此我祝愿大家一击必中。"

蒋中挺老师的抱怨中不乏幽默。他为什么祝大家一击必中，因为大纲发生变化对拥有一些经验值的选手来说伤害更大，以往的努力未必是根基，形成的思维模式还要修改。老师的任务也加重了，因为要重新备课。

国内的一家娱乐俱乐部邀请迪克牛仔来演出。可是演出那天，由于台湾大雾，迪克牛仔来不了。最后只好邀请杨坤救场。

杨坤上台后，对观众大声说："我知道你们今天不是冲着我来的，但是我来了，就得好好演。一首《站台》献给大家。"

大家听完高喊："杨坤好样的！"

　　杨坤在抱怨后，说出了自己的演出态度。这种反差制造了很强的幽默感。此外，观众对他也是十分欢迎的，所以他的抱怨竟让人感受到了他的敬业精神。

　　在演讲中，抱怨通常是为了调节大家的情绪，以引起大家的共鸣。我们使用的时候要注意分寸，才不会背离演说的初衷。

就是喜欢你"呆萌"

有的演说家锋芒毕露，居高临下，以为会得到大家的欢迎。可有时居然比不上看上去"呆萌"，甚至言语幼稚的人。因为有些问题，我们针锋相对，有可能会树敌，给自己带来麻烦，反而不如选择一种"呆萌"的状态，从另一个角度来说明问题，判断是非。这种笨拙的形象越鲜明，越能产生幽默感，使别人折服。

美国议员凯西在众议院发表演说时，穿着棕色的西装，头发也没有认真打理，看上去像一名憨厚的农民。

一位议员在下面取笑说："这个来自南部的乡巴佬，口袋里一定装着土豆。"众人哄堂大笑。

凯西不慌不忙地说："恰巧被你猜中了，我的头发里还有一棵卷心菜，我们来自南部的人，大多有些像植物人。"他的憨实和大度赢得了大家的好感。接着他说："尽管我们热爱种植，在政治和经济上从不缺少人才。"

众人对这位看似呆头呆脑的议员刮目相看，他的演说成功了。

面对别人的侮辱，他没有反唇相讥，也没有自愧形秽，而是选择了不卑不亢的态度。这样的气度才叫大智若愚，怎能不让人佩服。

下面我们再来看看如何用"呆萌"的语言来解决问题。

北齐有一个昏君好奇心特别重，有一天居然命令司仪给他找一只会打鸣的母鸡。司仪苦寻无果，在家唉声叹气，年幼的孙子见状，问："爷爷，可有什么烦心事？"

"皇上让我给他找只会打鸣的母鸡，实在是太荒唐了。"

"爷爷不要着急，明天我代你上朝，自有办法应对。"

第二天，孩子来到朝廷上。

皇上问："你是谁家的孩子，怎么到这里来了？"

"我是刘公公的孙子，有急事找他。"

"公公怎么可能有后代呢？"

"我也觉得公鸡下蛋、母鸡打鸣不合常理。"

　　一个看上去"呆萌"的孩子，用公公有后代的事情和母鸡打鸣做对比，皇上会在这荒谬中反思自己的错误。若是司仪在众臣面前指出皇帝的可笑决定，则很可能面临牢狱之灾。这就是"呆萌"的奇效。

　　此外，我们在阐述一件事情的重要性时，也可以采用"呆萌"的手法。人们可以在笑声中提高对事物的认识。

　　一位医生给患者们讲解健康常识，举例说："我曾经告诉一位患者，你胆固醇太高，应该注意饮食。你们猜他怎么回答我的？"

"要是饿出胃病怎么办？"

"胆固醇过高是不是营养过剩？"

医生说："你们都没有猜对。他居然问我，难道短裤穿太高，还会影响饮食吗？"

患者们笑得前仰后合。

　　医生讲了一个因歧义造成的可笑故事。在生活中，我们有时会因对事物的不了解，闹出笑话，显得滑稽。大家为了避免这种过错的发生，就要多掌握相关知识。

　　此外，有人则会故意通过曲解一些俗语来表达一些事情。例如，有人说世界上跑得最快的是曹操，因为"说曹操，曹操就到"；最不爱喝酒的是醉翁，因为"醉翁之意不在酒"。这些都是通过故意装作懵懂无知来制造幽默。

　　在演讲中适时表现得"呆萌"，不仅不会给大家留下愚蠢的印象，相反还会在智慧中增添几分可爱。

用幽默来解决事故

每个演说者都害怕节外生枝，尤其是准备不够充分的时候。此时千万不要抱怨，也不要焦急和回避，应该积极寻找办法，把事故化险为夷。

下面我们通过一些案例，来看看可以应对的办法。

某位优秀的推销员应邀到某企业演讲，主持人介绍完他的销售业绩后，大家鼓掌欢迎他。这位推销员在上台的时候，踩到了地面上的水，滑倒在地。台下的观众发出一片惊呼声。主持人跑过来将他扶起来。

推销员整理好衣服，微笑着对大家说："在我踏上这个舞台前，我一再告诉自己，面对大家我要像面对顾客一样谦和、有耐心，可是你们人数多，我不能只靠微笑和点头致意。"

这种突发事故，大家一定都见过。例如，一位演说家演讲时突然假牙掉了，他只能对大家微笑，而不能抱怨假牙的质量，否则会失去风度，也影响自己的情绪。推销员把跌倒说成是对观众行大礼，既符合情境，又能缓解尴尬。

肯尼迪竞选总统的时候，一位女记者问道："如果你敢保证自己是个绝对真诚的人，我就会投你一票，你有勇气吗？"语气十分蔑视。

肯尼迪说："我想每个人都说过谎。"

"请问你说过什么样的谎言？"

"例如一些善意的恭维话。"

"能不能举例说明一下。"

肯尼迪笑着说："刚才我在会场外遇到你，我说：'很高兴见到你。'"

有些记者为了制造噱头，会故意提出一些让人难堪的问题。肯尼迪面对的就是这样的问题，可是在竞选的场合，他不能怒斥记者，这会影响他的公众形象。于是他用幽默阻止记者的继续发问。

沃尔顿成为商业巨头以后，出现了很多竞争对手。一次商业会议上，他的竞争对手之一兰迪决定当众羞辱他一番。当沃尔顿上台演说的时候，兰迪突然站起身说："沃尔顿先生，我第一次跟你见面的时候，你还是自己当伙计的杂货店老板，什么时候变成经济学专家的？"

沃尔顿面对台下观众，微微一笑说："先生们，女士们，我知道你们允许我站在台上，不过是想听听一个杂货店老板的创业传奇，所以我绝不会说什么高明的理论。"

竞争对手是沃尔顿演讲时的大敌，因为他是蓄意攻击。沃尔顿承认自己的身份，同时交代自己要演讲的内容，反而更受欢迎。

演讲时遇到的意外还有很多，这时幽默能帮你战胜许多难题，同时彰显自己的能力。

幽默并不是演讲的主题

任何演讲都是有目的的。例如，军事上用于鼓舞士气；商业上用于激励员工；演艺上为了舆论造势等。为了取得效果，演讲离不开幽默，但是不能用幽默充当主题。究竟该如何安排二者的配比呢？一是幽默要少而精，二是要简洁易懂、言符其实。

全国总工会文工团重新选团长，一位相声演员一心想当团长。在竞选演讲中，他的表现堪称精彩，不到两个小时的时间，他居然讲了十几个笑话，并唱歌，声情并茂、举止滑稽，观众被逗得拍手大笑。他都说完结束语了，还有人让他再表演一个。盛情难却啊，他又演了一个，依旧能把人逗得大笑不止。

可是选他当团长的人很少。散会后，相声演员问他的一位同事："你说我的业务水平比别人差吗？"

"你比他们强多了，但是我觉得你应该去找葛优，让他问导演能否给你安排一个角色。"

这位相声演员表演的目的是当团长，而不是娱乐大家，但一味地展现幽默只能离目的越来越远。作为一个团队的管理者，要考虑如何给大家创造表现机会、提高待遇、增进业务水平等。相声演员在这些方面只字未提，又怎么可能得到大家的支持呢？

说到简洁易懂、言符其实，我们就以自我介绍为例。作为演讲者，被主持人介绍给大家时，我们要怎么做，才能给大家留下深刻的印象？如果面对主持人过誉的介绍，我们该如何澄清事实？我们若是只点点头，不仅不能制造幽默感，还要承受言过其实带来的尴尬。下面我们来看看，他人是怎么应对此类事情的。

"先生，你怎么称呼？"主持人问。

"我叫肖邦。"

"是不是艺名？"

"是真名。"

"父母都是音乐人吧。"

"都是牧民。"

"为什么起这个名字呢？"

"我爸喜欢马帮，本用'帮'给我做名字。我妈说名字里带'巾'字太柔弱，不如去掉。"

"这名字享誉全球啊！"

"可我不过是小有名气。"

这样介绍自己，简洁、好懂、真实，而且十分幽默，听众听过就不会忘。就真实和幽默来讲，一个牧民的孩子取名用"帮"字并不奇怪。母亲的创意幽默又见真爱，母亲都希望孩子茁壮成长。这样的自我介绍，主持人也会与对方互动得很愉快。

要是遇到主持人夸赞自己，我们也可以用幽默来随机应变。

一位杂技演员，被主持人介绍为吉尼斯世界纪录的创造者，可他并没有这样的成就。他面带微笑地说："我真希望有一项世界纪录，可惜我没有，于是只能跟主持人说，威尼斯是我的吉地，在那里的圣马可广场，我创造了自己收视率的奇迹。感谢他在众人面前送我一个桂冠。"

观众大笑，在演员演出的时候也很捧场。

演员对吉尼斯世界纪录的解释令人发笑，但是也从侧面说明，自己是一个很好的演员。这样观众不会对他要求过高，但又满怀期待。

切记，幽默的目的是为你的演讲增色，只要能做到简洁、恰当、有力就足够了。若是以它为主题，不如去演滑稽剧。

Chapter 12

让幽默融入感情，
生活事业更和谐

生活中，许多场合都需要幽默。要是能在感情中融入幽默，会得到更多人的欢迎。在生活中，我们对亲人多展现幽默，能让家庭更和睦。在工作中，对待同事坦诚、亲切，而且风趣，能够得到大家的欢迎和支持。将幽默融入感情中，大家才能更加和谐地发展。

借用幽默，关爱父母

对于所有人来说，父母都是厥功至伟的，最伟大的是他们对儿女的付出、包容。然而，到了他们老得像个孩子，需要儿女去关心的时候，许多人只想到让老人衣食无忧，却很少关心他们的精神需求。其实老人更在乎的是和家人共度的时光。

王大爷过生日的时候，儿女们都赶过来给他祝寿。一些街坊邻居也前来祝寿。在吃饭前，大家建议寿星讲话。

王大爷想了想，说："我年轻的时候，就像一棵苹果树，孩子们在我周围欢呼跳跃，向我要营养。中年时如同橡树，身子粗了，恨不能当孩子们的房屋大梁。现在老了，像个根雕似的，孩子们在外打拼累了，就回来坐坐。"

来宾们听到王大爷幽默风趣的比喻，都笑着鼓掌。

此时，王大爷的女儿说："爸，你不是苹果树，也不是橡树，更不是根雕，而是大榕树，为我们遮风挡雨几十年，无论我们在哪儿都无比想念。"

女儿说完，全场又是一阵掌声，王大爷也高兴地笑了。

王大爷用一组新奇的比喻，幽默地说儿女们不常回家看看，可能是认为自己无用了。他的女儿也用比喻，幽默地向父亲表示，他们对父亲永远想念，跟价值没有关系。这样的话怎么可能不博得老人的欢心呢？

有人说，让老人开心并不难，但是要劝说他们改变习惯十分困难。在劝说老人方面，幽默也起到十分重要的作用。

有位赵阿姨控制欲很强，只要是自己喜欢的东西不管别人多厌烦，都会强力推荐，甚至是强迫别人接受。

有一天，儿子让她看一个视频：一位偏远山区的孕妇难产，可是婆婆就是不让大夫给做剖腹产，还说："哪个农村妇女也没这么矜贵！"结果孕妇大出血，护士拿来血袋，这位婆婆又将血袋打翻在地，大声骂："别想骗我钱，哪个女人生产不流血！"最后孕妇难产而死。

"这是什么人啊？完全无视别人急需的东西！"赵阿姨气愤地说。

"妈，我现在急需不吃酸菜，你能满足我这个愿望吗？"儿子笑着说。

儿子通过一个小幽默，阻止了母亲反复做酸菜吃，还不会惹老人生气。在日常生活中，我们就要以这种方式来化解与老人之间的矛盾。

幽默能够带给老人一个愉快的心情。我们也可以用它向老人阐述科学的生活理念，帮老人打造一个快乐健康的晚年生活。

与长辈交谈，用幽默填平代沟

随着时代的变化，传统的家庭伦理道德也发生了很大的变化。而当今社会提倡人的自由发展，长辈和晚辈的理念可能会有很多冲突。有人选择和长辈冷战或对抗，其实完全没有必要，我们可以用幽默和长辈进行沟通。有人认为这是对长辈的不重视，可事实正相反，幽默更能表现晚辈对长辈的尊敬和关心。

大成和小崔在北京打拼，每次回家，两个人的父母都会各自拉着他们去买一些衣服。可是长辈们的眼光让他们非常苦恼。

"我每次回家，我妈都带我到集市上买地摊货。我不穿伤他们的心，只能带回北京扔掉。"大成说。

"我家跟你正相反。我就是爱买不太贵的运动服和篮球鞋，可是他们会给我买西装和皮鞋。大学时，同学就喊我老师，根本没法穿。"

"这可怎么办啊？"

"你就跟你妈说，儿子去北京工作也是光耀门楣的事，怎么也得有两套像样的行头啊。"

"我看这招行。你可怎么办啊？"

"我拿几个招聘广告给他们看，说再不年轻态只能被淘汰。"

后来，大成有了两套像样的衣服，穿了几年。小崔的父亲则给他买了一件很时尚的棒球衫。

我们换个角度跟长辈说话，就会给他们不同的感觉。大成从家族颜面去说，就无须在节俭的层面跟父母理论，更见尊重。小崔从企业用工的年龄要求去谈，父母不会觉得他是不欣赏他们的眼光，从而转变付出的方式。

许多人都爱说孝顺，切记，一团和气才是真正的孝顺。否则难免对长辈有抵触情绪。

在职业的选择上，也是两代人之间经常出现矛盾的地方。

李墨是个女孩子，高考后，她爸执意让她报电气专业，可是她想学中文。

"女儿啊，在我们矿就电工最轻松，挣得还多，你报这专业，将来找工作，老爸还能帮你安排一下。"

"爸，我是个女孩子啊，才不愿意去都没人抬头看我一眼的地方呢。"李墨笑着说。

"那你就报中文，学出个样来，给我也争口气。"

李墨的父亲是个煤矿工人，所以在他的认知里，电工就是很好的职业。可是他忘了李墨是个女孩，能做自己喜欢的工作，通过工作被人赏识也很重要。李墨用幽默提醒了父亲，得到了父亲的同意。

年轻人和长辈之间的理念总会有不同的地方，所以和长辈沟通时，要找时机、换话题，避免硬碰硬，当他换了想法或理解了你，自然就会帮助你。想要做到这一点，要多与长辈交流，并宽容旧时代给他们烙下的因循守旧。多些幽默，长辈才会喜欢和晚辈交流。所以，晚辈与长辈交流时不要表现得不耐烦或急于反驳，凭借耐心和幽默是可以跟长辈和谐相处的。

用幽默教育孩子

我国著名的教育家陶行知说："在教师手里操着幼年人的命运，便操着民族和人类的命运。"可见，教育子女对任何人来说都是十分重要的事。可是究竟该如何教育才好，这是一个被探讨多年的问题。

有人说，家法要严。但是，大人一味给孩子灌输自己的思想，提出符合自己标准的要求。这种办法教出的孩子大多缺少自我思考的能力，独自面对困难时缺少自信。我们不如采用幽默教学法，这对孩子建立自信，提高想象力和反应能力都有极大帮助，同时还能提高孩子的语言组织能力。

法国作家小仲马的话剧《茶花女》公演后，受到了人们热烈的欢迎。小仲马给在国外的父亲打电报汇报成果。他这样写道："盛况空前，就跟你最棒的作品初次上演后获得的成功一样……"

大仲马马上回了一封幽默的电报："儿子，我最好的作品就是你。"

大仲马用幽默夸赞儿子，是对小仲马巨大的鼓舞。在以后的写作道路上，小仲马会更大胆而努力地创作，更容易出现精品。这与貌似严厉的填鸭式和打击式教育有很大的区别。我们从小到大被灌输了很多知识，但是记住的、应用得上的并不多。做一件事总是被告知这不行、那不对，最佳的成果不过是和别人一模一样。倒不如去激励，让孩子放开手脚。

可是没有规矩也不行，在一些非常重要的事情上，有必要通过幽默的言行让孩子知道对错，这有利于孩子健康成长。

扎伊尔是个十分顽皮的男孩。一次，为了在家人面前炫耀自己的勇气，居然喝下半瓶墨水。他的母亲看到后，万分着急，马上给医院打求救电话。

扎伊尔的父亲从外面回来，听妻子说孩子喝了墨水，并没有慌张，他语气平静地问儿子："你是不是真喝了墨水？"

"是的。"扎伊尔吐出带墨水的舌头，脸上扬扬得意。

父亲转身进屋拿来一块海绵，对扎伊尔说："不能让墨水留在肚子里，吃下它才能吸出来。"

扎伊尔一脸恐惧。从那以后，他再也没有做过逞强的事情。

扎伊尔的父亲知道喝下墨水并不会中毒，所以并没有着急，但是若不就此事对孩子进行教育，以后可能会造成无可挽回的错误。于是他用幽默让孩子知道自己的错误，孩子以后就不会做类似的傻事了。此外，再次面对一些不懂的事情时，孩子就会主动去询问他人。这样孩子就能在思考和发问的过程中快速成长。

父母教育孩子，不可过于自我，也不能过于放纵。在教育时可多采用幽默——孩子在愉快的氛围下学东西，才能具备活泼乐观的性格，给家庭带来更多的乐趣。

用幽默来表达爱与关心

恋爱中的男女和其声，柔其色。结婚后，甜言蜜语少了，有些夫妻还成了彼此的"纠错机"。其实，婚姻也需要爱和关心来维系。既然无法像年轻时表现得那么热烈、感人，那就用幽默使其变得亲和、暖心。我们通过对比来看看，如何用幽默使家庭关系更和谐。

大郭为了增加家庭收入，决定参加司法考试。临考试前，他熬夜、焦虑，得了重感冒。

媳妇说："就你那水平，也不过是过年杀猪——早晚一刀，有什么可上火的。"

大郭怕吃药会打瞌睡，靠喝姜汤治疗，病情更严重了。媳妇大声说："你说你攒钱不看病，等着买风水宝地啊。"

过几天，大郭离家出走了。

另一对夫妇约好一起看月食，可是由于下雨，没看到。

"电视上说，这样的月食要几十年才出现一次，都怪下雨错过了。"妻子说。

"是啊，再陪你看都老眼昏花了，真让我惋惜，你是不是也和我一样？"

"我才不呢，因为我有你这样的天使，几十年不算什么。"妻子摇头说。

"原来我还是个上帝的使者。"

据美国社会学家研究发现，不好好说话是婚姻最大的敌人。语言能充分反映一个人对他人的态度。大郭为家庭的生活水平而努力，不仅没得到妻子的关心和鼓励，还遭到她轻视污蔑。妻子用"杀猪"来比喻考试，就是必死无疑的意思。面对丈夫的病，妻子不建议去医院，也不给买药物，却用"风水宝地"来讽刺他的节俭。家庭氛围如此，大郭出走可以理解。

另一对夫妇借看月食的事，委婉幽默地表达出浓浓的爱意。尤其是妻子把丈夫比作天使，意思是说"你在我心中的重要性没有任何事情可以相比"，丈夫听了会无比感动。

老赵是邻居公认的好丈夫，在家做饭、洗衣都不让妻子帮忙。有一天，他打乒乓球导致手受伤了，去医院处理完，还要做晚饭。

"就你那手，做什么都得是苦瓜味，歇歇吧。"妻子说。

"我不做饭，你吃什么啊？"

"小瞧我，我还非要做一个营养丰富的，给你补补。"

妻子去菜市场买回排骨和豆角，炖上了。

老赵媳妇让老赵歇歇，就是关心的表现，给他炖排骨汤更是关心备至。二人的对话十分幽默，充分体现了爱的相互性。这就是幽默的力量，在不经意间传递着关心和爱，是牵手一生的重要保障。

就算拒绝他人，也不忘幽默

我们在拒绝的时候，要明白一个道理：对方的付出也许并没有恶意，我们就算拒绝他，也不要冷若冰霜，若伤了对方的颜面，很可能给自己带来麻烦。

有很多年轻的朋友，拒绝自己不喜欢的人时决绝干脆，不留一点情面。然而这样容易激化彼此的矛盾，甚至带来人身伤害。为一个不喜欢的人付出如此大的代价又何必呢？

拒绝追求者需要幽默，拒绝其他事情也是一样。利用幽默的目的，就是让对方听出自己的弦外之音，可避免让对方误解和难堪，同时实现自己的目的。

大飞喜欢一个女孩，但是女孩不可能和他在一起，就在微信上给他发了一条信息。内容如下：

我们认识这段时间，感谢你迁就我这个素食主义者，可是我知道我们不适合。你是大口喝酒、大块吃肉、放眼全世界的人，可我终有一天要回到属于自己的草原。

女孩是内蒙古赤峰市的，就读于中央民族大学，毕业后要回家乡的学校任教。她在北京勤工俭学时认识了大飞，大飞是个销售经理，经常出差。因此女孩给他写了这段话。这样的话不绝情，而且符合实际，还能达到目的。

下面我们就来看看，拒绝追求者时，还有哪些幽默语言可以使用。

好多次，我都想跟你策马奔腾，共享人世繁华。可惜我的性格像熊，蜜糖也吃得，青草也吃得，终有一天你会厌倦我这样随遇而安的人。

我愿意和你一起旅游、唱歌，可我们的关系终究是高山流水，相依却不相交。

我知道你舍得送我一座喷水池，可惜我是猫。

你是步枪，我是翎羽，真的帮不上你。

你是一艘船，我多想送你一面湖水，可是我的感情只是溪流。

张雨生有首歌叫《还是朋友》。一生中能遇到一个真心喜欢自己的人很难得，彼此就算走不到一起，拒绝时也该留有一丝温存，也许以后还会见面，可换得相逢一笑。

生活中，我们可能还会拒绝朋友。如果不懂幽默，多年的交情会受到影响。

小张和小马认识二十年了。近年各自忙活，很久没有相见。有一次，小马出差，要在小张所在的城市逗留，叫小张出来喝酒。

"小马，我最近患了寒冷性荨麻疹，焦头烂额，喝不了酒。"

"我就是想跟你见个面，喝咖啡总行吧。"

"我才不跟你仓促相见呢，等我病好了，就去找你长聊。"

"好嘞，多保重！"

小张病好以后，马上去看小马。

小张因病无法去看好友，可是他幽默地说，不愿意跟好友仓促相见，可见他对小马的重视。他病好后就履行了诺言，二人的友谊会更加深厚。

生活中要拒绝的事情还有很多，用幽默给对方留足情面，既可让对方明白其义，又能避免尴尬，可谓一举两得。

分手快乐

很多人在分手时做不到好聚好散。何必呢？分手又不是树敌，何不在最后一次沟通的时候，用幽默给对方留下一些愉快的回忆，免得再见如同仇敌？我们一起来看看一对恋人的分手信。

刘老板：

你好！

今日我向你申请，不再担任恋人这一职务。工作这两年多，我可以说战战兢兢、如履薄冰，对你的冷暖没有一刻敢掉以轻心。为了满足你的需求，如诸葛亮般殚精竭虑。尤其是在感情方面，坚信陪伴是最长情的告白。在行动上，接送、等待、一起登山赶海。在物质上，隔三岔五给你买礼物，生怕哪一个有瑕疵，惹你生气。

你说一个顶配的男友要心胸宽广、温柔体贴。可是，爱一个人是自私的。当我看到你对别人赞赏有加、出手阔绰的时候，我也做不到虚怀若谷。也许是我无法在很短的时间内练成绕指柔，险些被你开除。后来我像严守一一样写检查，才向你要到一个观察期。

这是我人生道路上强度最大的训练，谢谢你肯给我这个职位。现在我恳请你把我下放到朋友部门。看到以前的朋友聚餐、旅游，有说有笑，无拘无束，我已神往。尽管你给我的职务高于朋友，可是没有关心和爱情，我已不愿徒有虚名。

至于是否放人，你依旧拥有决定权。

恪尽职守的好员工

男孩把恋爱比作工作，女朋友是上司，朋友部门是指代以前的生活。女孩看后，居然回信了。

关于你下放到朋友部门的申请，我已经审阅，现向你交代相关事项：

你应聘时聘的是恋人。我所设立的标准和要求就远远高于朋友。你的试用期过得很煎熬，但不代表就符合我心意，所以险些开除你，但念在你如悟空般哀求，我决定给你一次留职查看的机会。

现在你向往自由，我给你分析一下朋友和恋人的区别。朋友是兼职，恋人是有股份的固定员工，虽然责任大，但是有上升空间，可以晋升为一家之主，而朋友是绝对不可能的。

经我调查，朋友部门暂无空缺，恋人部门不可或缺，在你没有接班人前，先调入人力资源储备部。这个部门不会有人对你耳提面命。要是以后朋友部门有空缺，你可以自动调离，但是没有遣散费。

望君保重！

分手是很让人伤感的事情，但是用幽默坦诚分手的原因，明显要好于怨恨和指责。要是日后相见还能相视一笑。

此外，用幽默做分手的结束语，不会过于伤感，还会让彼此记起曾经的真心付出，这才是爱情最美好的地方。

幽默能化解误会

当今社会节奏快，很多人心浮气躁。就算是很好的朋友或同事，有时一不小心也会造成误会，必然会消耗自己的精力。要解除误会，最好的办法就是运用幽默的态度和语言。

在解除误会之前，首先要思考是什么原因造成了这样的误解。因为大家的经历、个性、文化水平不同，处事方式也不一样，我们与他人相处时，有时会无意间触碰到别人的底线，自己却浑然不知，于是给别人带来伤害。在这种情况下，我们应该交流一下彼此内心的想法。

对待豪爽大气的朋友，我们可以直来直去地交谈。对待性格内向的朋友，我们就要采取一些策略，如先帮对方打开心结，再用幽默去淡化。

七个来自山南海北的艺术生住进了一个房间。房间里有四张上下铺，有三个艺术生住在上铺。其中一个上铺的男生汗脚严重，又不爱洗，味道很大。

有一天，下铺的几个男生打扑克。汗脚的男生刚睡醒，说："带我一个。"接着他披着棉被就跳了下来。下铺的一个男生开玩笑地说："暖风熏得游人醉，直把杭州作汴州。"然后就出去吸烟了。

没想到，被取笑的男生大怒，跟别人说："哪个男的没有点汗脚，还说我是'便'州。我必找他好好谈谈。"

吸烟的男生回来后，被取笑的男生马上走过去。

"哥们儿，我的脚总比不过厕所里的石头吧，你用得着这么夸张吗？"

吸烟的男生笑笑说："我根本就没有说你的汗脚啊，而是说我们的生活。我们从很远的地方来杭州考浙江传媒学院，却放着大好春光在这儿打扑克。明天我一定不玩了。"

"我也得收敛点了。"

　　有许多误会都来自于凑巧。汗脚的男生若不是披着棉被跳下来，也不会得到这样的评价。而有些字的谐音会惹人愤怒。面对此类情况，我们也可以从时间和文字上找幽默的元素。春天的杭州很暖和，艺术生们来自天南海北也算游子，用"暖风熏得游人醉"来形容，很贴切；而"直把杭州作汴州"就更符合情境了：大家马上就面临考试了，却还在玩乐，和南宋的一些官员作风一样。这样的解释足以维持对方的尊严，对方也会反思自己身上的缺点。

　　新兵宿舍内，几个新兵在按年龄排座次。有人觉得不好记，不如起外号，好记，还能代表自己的特色。

　　轮到年纪最小的新兵时，大家再也没有创意了。这时候，老五说："你姓于，又年龄最小，就叫'于疙瘩'吧。"

　　老五哪里知道，年纪最小的新兵读书不好，又满脸青春痘，已经被别人叫了多年的"榆木疙瘩"。此时年纪最小的新兵的脸色愈发难看。

　　老五发现自己说错话了，马上打圆场，说："人家是宝贝疙瘩，哪像我，外号是'疙瘩汤'。"说着，老五就拿药膏涂脸上的青春痘。

　　其他新兵都笑起来，一场误会就在老五的幽默中解除了。

　　老五姓汤，也有青春痘，所以大家给他的外号是"疙瘩汤"。他不小心惹年纪最小的新兵误会了，马上就把矛头转移到自己身上。这才是面对误会时最应该有的机敏，可以防止矛盾的扩大化。

　　人与人接触，想要没有一点误会几乎是不可能的，但是我们没有必要为误会去苦恼，只要找到造成误会的原因，用幽默和行动就能让误会迎刃而解。

幽默是超然物外的态度

苏轼的《超然台记》中写道："凡物皆有可观。苟有可观，皆有可乐，非必怪奇伟丽者也。"想要制造幽默也不必拘泥于技法和素材。幽默也是以心灵映射万物的，只有内心有幽默感，才能够随意制造幽默。

大家之所以推崇幽默大师，就在于他们有一种超然物外的人生态度，所以表现出的幽默不会生硬、机械，可以温和地平息人生风波，战胜囧途，同他人和谐相处，得到他人的尊重。

每个人的天赋不同，人生道路有异，肩负的社会责任有大小之别，所以会有不同的价值观、世界观、人生观。当我们以不同的角度去看待人生时，事物的复杂性和简单性会有很大变化。我们若是能轻松自然地面对困难重重的人生，幽默自然是信手拈来。

有一次，曼德拉出席非洲发展共同体首脑会议，并领取卡马勋章及发表演讲。

"我已经是个退休的老人了，今天能上台抢总统姆贝基的风头，我想他一定不高兴。"台下笑声四起。

这时，主持人给他搬来一把椅子，示意他坐着讲话。

"我才82岁，站着讲话不会全身发抖，等我到100岁，我会主动让你给我搬把椅子。"台下又是一阵爽朗的笑声。

演讲进行到一半时，一阵风把曼德拉的演讲稿弄乱了页码，这是一件尴尬的事，他却不以为然，说："演讲稿的页码被我弄乱了，希望你们原谅我这个老人。不过我知道一位总统，他在发言中也把演讲稿的页码弄混了，可是却浑然不知继续往下念。"

台下哄堂大笑。

演讲快结束的时候，曼德拉说："感谢你们把用一位博茨瓦纳老人（指博茨瓦纳开国总统卡马）的名字命名的勋章授予我这位老人。如果有一天我身无分文，我就到集市上出售勋章。我想在场的一个人一定会高价收购，他就是大家的总统姆贝基。"

姆贝基情不自禁地拍手鼓掌，其他听众也连连鼓掌。

曼德拉对自己的年龄、错误、荣誉都能用幽默的方式来表达。超然的人就是这样，他不会因为年龄大，而抱怨他人照顾的不周；不会因一个小错误而手足无措；也不会觉得荣耀庄然不可侵犯。此等人生态度，当是万物皆有可观、皆有可乐。

一次，著名拳王里迪克·鲍参加国际反种族隔离声援大会。在会上，拳王与总统曼德拉热烈握手，并将黑色披风和拳击手套赠送给总统。

曼德拉戴上拳击手套后，说："鲍，看看我们谁是冠军。"

里迪克·鲍激动地说："在对抗种族隔离的斗争中，你才是当之无愧的冠军！"

一个人要是想做到超然物外，与他人做对比的时候，就要纵横去看。他人可能在某一点上不如你，但也许在其他很多方面是你望尘莫及的。我们必须意识到自身的不足，才能放开自己的眼量，以自嘲的姿态得到对方的喜爱。

生活中总有些琐碎的事情让人十分恼怒，有人深陷于此，错过了很多事情。比如，邻居装修会让你心烦意乱，你何不去想他放音乐的时候，曾让你心旷神怡呢？对待生活，只有用超然的态度，才能快乐地解决问题。